目 录

词汇表　第45页为术语词汇表。词汇表中的术语在正文中第一次出现时为粗体。

引言

去往**太阳系**边缘是一个漫长的旅程。新地平线号探测器是目前所建造的最快的航天器之一，于2006年使用传统化学火箭发射。首先，火箭将航天器送入环绕地球的轨道，然后，另一枚火箭点火将航天器加速至外太阳系。新地平线号沿途路经大行星木星，这样它可以利用木星的强大引力加快自己的速度。

太阳系包含数以百万计的天体，但大多数天体过于遥远，以传统的火箭技术都需要很多年才能到达。

OUT OF THIS WORLD

走 出 这 个 世 界

认识美国国家航空和航天局发明家**布鲁斯·韦格曼**和他的

太阳风动力飞船

SOLAR-WIND-RIDING
ELECTRIC SAIL

［美］杰夫·德·拉·罗莎 著

李潇潇 译

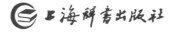

上海辞书出版社

上海市版权局著作权合同登记章：图字09-2018-344

Solar—Wind—Riding Electric Sail

尽管如此，新地平线号还是用了近 10 年时间才飞
抵矮行星冥王星附近。然而，太阳系的最外缘边界，
太阳风层顶，则位于两到三倍远的地方。如果科学
家们想要真正探索太阳系的边缘，需要一种更快抵
达的方法。

传统火箭的问题之一是需要大量化学燃料，称为**推进剂**。推进剂很重，通常要占据航天器**质量**的大部分。所以尽管推进剂有助于航天器加速，但多余的质量反而使航天器更难加速。

工程师布鲁斯·韦格曼认为他可能会有解决推进剂问题的方法。他正在设计一种与帆船有共同之处的新型宇宙飞船。在过去，帆船未使用任何燃料就探索了地球的边界，正是利用了移动的空气——风的能量。

太空中没有空气，但却有一种来自于太阳的不可见带电粒子流，称为太阳风。韦格曼的飞船将会像帆船被地球上的风吹动掠过海洋一样，乘着太阳风行驶。但与传统的帆船不同，飞船将在其周围呈风扇状发散出电线，而电线会使太阳风粒子方向发生偏转。带电粒子的偏转会推动电线远离太阳，驱动韦格曼的**电动帆**飞船在创纪录的短时间内驶向太阳系边缘。

美国国家航空和航天局创新先进概念计划

NIAC
NASA Innovative Advanced Concepts

"走出这个世界"系列丛书聚焦那些从美国国家航空和航天局成立的一个组织中获得大量拨款的项目。美国国家航空和航天局创新先进概念计划（NIAC）为致力于在空间技术中进行大胆创新研发的团队提供资金支持。你可以访问 NIAC 的网站 www.nasa.gov/niac 获取更多资讯。

认识布鲁斯·韦格曼

" 大家好！我叫布鲁斯·韦格曼，是美国国家航空和航天局位于阿拉巴马州亨茨维尔市的马歇尔太空飞行中心的一名工程师。我成长在西弗吉尼亚州的一个铁矿重镇，小时候就对机器非常着迷。现在我正努力建造一台能航行到太阳系边缘的机器。"

7

太阳风

外太空经常被描述为没有空气、空洞无物的虚无——真空。但事实上，太空只是大部分是空的，即使太空中最空的区域中也含有少量的亚原子粒子（小于原子的粒子）。在我们的太阳系中，大部分亚原子粒子都是发射自太阳的带电粒子。

这些粒子源于太阳大气的最外层——日冕。日冕的平均温度约为 220 万℃。日冕内的极端高温可使原子电离，向四面八方发射亚原子粒子，这种来自于太阳的粒子流就叫作太阳风。

太阳风的粒子以超乎想象的速度飞离太阳。当它们经过地球时，其飞行速度大约是 250 ～ 1000 千米 / 秒。粒子在飞行中分散开来，彼此相隔一定距离，不那么密集。当太阳风到达地球时，其密度相当于每立方厘米 5 个原子。可以做个比较，靠近地球表面的空气中每立方厘米所含的原子数达到 10^{18} 数量级。

地球的盾牌

地球的地核内部 活动使得地球周围生成一种不可见的磁力影响区域，称为**磁场**。地球的磁场与太阳风中的带电粒子相互作用，使它们在行星周围发生转向。这样磁场就像抵挡太阳风的盾牌一样，保护地球表面不遭受危险的辐射——一种太阳风产生的能量。

太阳系边缘

太阳风是太阳系的一个主要特征。事实上，科学家就是通过太阳风来确定太阳系边界的。

太阳风能够吹及太空中一个近似球形的区域，也就是**太阳风层**。太阳和太阳系的所有行星都处于太阳风层内。太阳风层最近的边缘距离太阳大约有150亿～240亿千米，这个距离是冥王星在其轨道的最远点到太阳之间距离的两到三倍。

太阳风层之外是星际空间，即恒星之间广阔的太空。星际空间中遍布着分散的粒子混合物，称为星际介质。

当太阳风的粒子接近太阳风层边缘时，它们开始与星际介质相遇，相互作用或者混合。这些相互之间的作用导致太阳风的粒子减速，太阳风最终在一个叫作太阳风层顶的边界处停下来。太阳风层顶代表太阳系最外层的边缘。

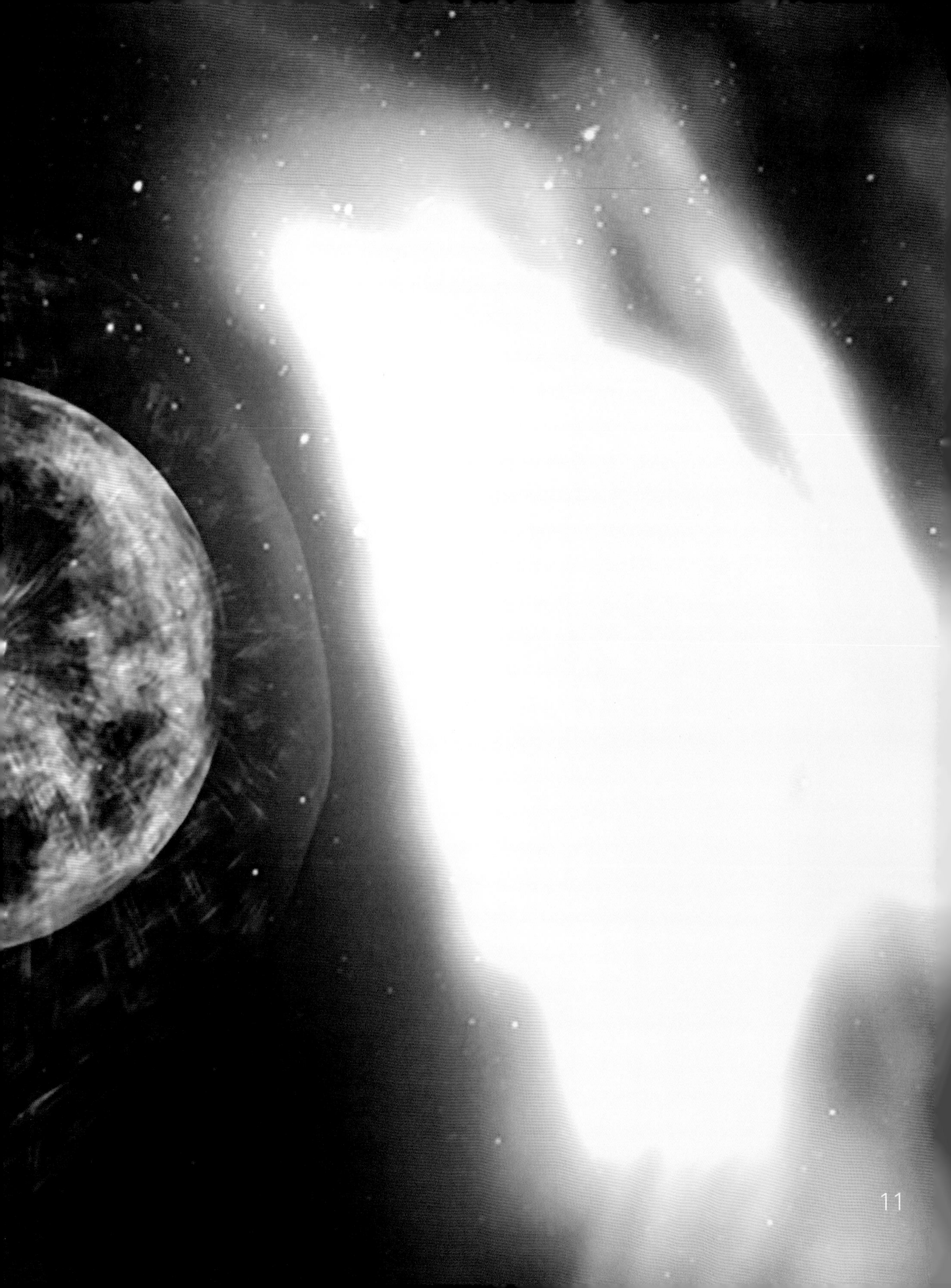

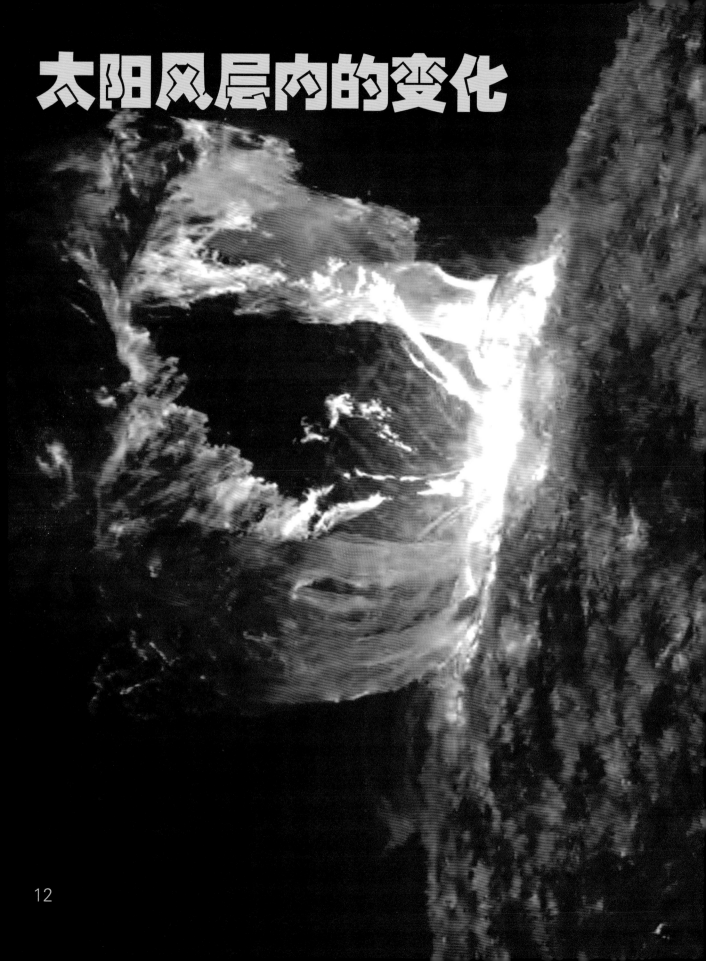

太阳风层内的变化

有时太阳的表面区域会爆发或喷发，形成风暴、耀斑
等活动。这种太阳活动会改变太阳风的强度，而这些
改变则会使太阳风层的范围发生变化。

我们可以将太阳风层设想为星际介质中由太阳风的向
外推力形成的一种气泡。当太阳活动较频繁时，太阳
风吹得较为猛烈。猛烈的太阳风将星际介质向外推开，
使太阳风层顶更加远离。当太阳活动较少时，太阳风
也较弱。较弱的太阳风导致太阳风层发生萎缩，因而
太阳风层顶也就更近。

太阳风层的形状　到太阳风层顶的距离在各个方向上
并非都是一致的。这是因为太阳以及太阳系中的其他
天体在星际介质中并不是静止的，相反，太阳系仿佛
是在星际介质中的一团云里面移动，这种移动将太阳
风层挤压成泪珠的形状。沿着移动的方向，星际介质
将太阳风层顶推进一个圆钝的"鼻子"。在鼻子相反方
向，太阳风层则延伸进入一条长长的"尾巴"。

抵达太阳风层顶

1977 年发射的旅行者 1 号探测器用
了 35 年才抵达太阳系边缘。

至今人类尚未有目的地发射任何航天器去探索太阳风层的最边缘，但航天器其实已经造访过该区域了。

1977 年，美国发射了两个航天器去探索我们太阳系中的外行星，分别是旅行者 1 号探测器和旅行者 2 号探测器。它们呼啸着飞越了木星、土星、天王星和海王星，颠覆了我们关于外行星及其卫星的已有认识。旅行者 1 号于 1980 年最后一次与一颗外行星——土星交会。旅行者 2 号则在 1989 年最后一次与海王星交会。它们由于速度太快而无法停下来，因此继续向着星际空间飞去。

2004 年，旅行者 1 号穿越了边界激波，这正是太阳风层顶中的一个区域。在边界激波中，太阳风骤减，航天器能够检测或感应到这种变化。旅行者 1 号在距离太阳约 150 亿千米的地方穿越了边界激波。旅行者 2 号则于 2007 年，在距离太阳约 130 亿千米的地方穿越了边界激波。2013 年，美国国家航空和航天局公布了旅行者 1 号已飞越太阳风层顶的证据，它成为第一个飞离太阳系的航天器。

需要提速

旅行者号探测器飞了 30 多年才抵达太阳系边缘。这个时间对于一项太空任务来说实在太过漫长了。

> 66 如果所有情况都是同等的，科学家还是更愿意承担那些可以在他们有生之年内完成的任务。99
>
> ——韦格曼

韦格曼是在美国国家航空和航天局的马歇尔太空飞行中心工作时开始参与到飞往外太阳系的挑战中的。他在那儿了解到了由芬兰科学家派卡·詹胡恩提出的一种新颖独特的**推进**（推动航天器）形式。这种推进形式被称为电动帆。

詹胡恩设想出一种在其周围呈风扇状发散长线的宇宙飞船，将线充电后便可当帆使用。电线会使太阳风中的带电粒子方向发生偏转，从而推动飞船前进。

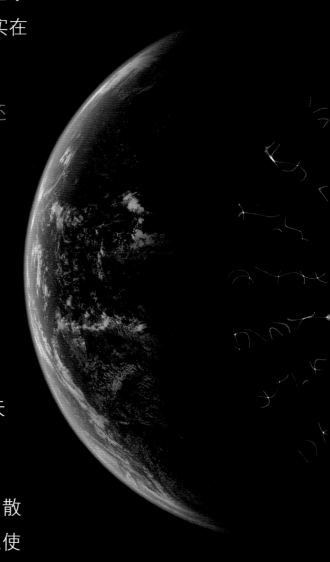

> **通过使用电动帆技术，我们相信能够在 10 到 12 年内抵达太阳系边缘。**
>
> ——韦格曼

> **请你回忆并思考一下我们是怎样将航天器送到外太阳系的：通常是从地球上先发射一枚传统化学火箭，一旦航天器抵达太空，我们要再点燃另一枚火箭将它送入轨道。**
>
> ——韦格曼

传统火箭通过燃烧称为推进剂的燃料及其他化学剂来工作。

> **推进剂通常约占航天器总质量的 90%。**
>
> ——韦格曼

电动帆将利用太阳风的能量，从而减少对推进剂的需求，这样航天器将会轻得多。航天器越轻，发射成本就越低，也就越容易加速至最大速度。

在这位艺术家的诠释中，由电动帆技术驱动的探测器可飞离地球轨道。

发明者的故事：
筑造一个梦想

电动帆的创意是由派卡·詹胡恩提出的，他是芬兰气象研究所的一位科学家。马歇尔太空飞行中心的一位主任在一次会议上邂逅了詹胡恩，得知了这个创意，而后这位主任将电动帆的创意告诉了韦格曼。

> **"** 我们看了派卡的一些设计，说实话，刚开始我还笑着不以为然，因为我当时觉得根本不可行。但经过仔细分析之后，我开始严肃起来，还说：'这看上去确实不错。'**"**
>
> ——韦格曼

詹胡恩是一位理论物理学家，通过使用数学和推理来得出物质和能量的新理论。他可以证明电动帆是基于可靠的原理基础之上的，但仅靠他一己之力无法建造飞船。

这张照片中，芬兰科学家派卡·詹胡恩正在进行电动帆概念的讲座。

> 66 派卡非常聪明。有时候你会看到有人想出来一个点子，但却永远得不到进一步发展。99
>
> ——韦格曼

要使电动帆变为现实，詹胡恩就必须与懂得如何建造飞船的人一起协作，就在这时韦格曼参与了进来。韦格曼就是一位专门建造宇宙飞船的机械工程师。

电斥力

> 66 在我上小学时，我们经常玩小磁铁的游戏，我们把它们叫作'猫狗大战'磁铁。如果将磁铁以特定方式排列起来，它们会排斥对方。一块磁铁被推离另一块，就像小猫见了小狗会跑开一样。99
>
> ——韦格曼

电动帆便是基于类似的原理。太阳风由带电粒子组成，这些粒子可以带正电，也可以带负电。太阳风主要由两种类型的粒子组成，其中**质子**带正电，而**电子**则带负电。

异性电荷相互吸引，相向而行，因此质子和电子是相互吸引的。正是质子和电子间的相互吸引将原子组合在一起。

另一方面，同性电荷互相排斥，相背而行。这
导致质子排斥质子，电子排斥电子。

> "现在设想有一根长长的线在太空中漂浮，还
> 有太阳风吹拂着。你可以给这根线充电，使
> 它带有正电，然后这时你再让质子呼啸而来，
> 逐渐接近这根线。带正电的线就会排斥带正
> 电的质子，这跟磁铁相互排斥如出一辙。"
>
> ——韦格曼

当质子被排斥时，它会将线推开，与英国
科学家艾萨克·牛顿爵士在 17 世纪所提
出的**第三运动定律**描述的相符。该定律
指出每个由一个物体对另一个物体的作
用力都有一个与它大小相等、方向相反
的反作用力，因此当线推开质子时，质
子也将线推开了。

大创意：

隐形帆

电动帆行得通是由于线充电后会在其周围产生一个带正电的隐形区域。任何进入该区域的质子的运动方向都将发生偏转。线周围的这种"力场"其实比线本身要大得多。

> ❝ 如果线是，比如，直径 1 毫米，当你给它充电后，会在线周围得到一个直径为几十米的力场。❞
>
> ——韦格曼

这种力场就像线周围的一根隐形管子，这根管子的尺寸会随线的电量而改变。电量越大，管子就越粗。可将这根管子想象成飞船的"帆"，因此通过改变线的电量，就可以改变帆的大小。

帆越大，能够发生偏转的质子就越多，所产生的推力越大。这个原理提供了一种驱动飞船行进的方法。设想一艘宇宙飞船向相反的两个方向伸出带电的线。

the

布鲁斯·韦格曼在展示电动帆所需线的粗细程度。

> **❝** 如果其中一根线充足量的电，而另一根仅充一半电量，那么只充一半电量的线一侧的'帆'就比较小，因而这一侧发生偏转的质子就少，所产生的推力也较小。另一根线所产生的推力较大，这样就使飞船向反方向行进。**❞**
>
> ——韦格曼

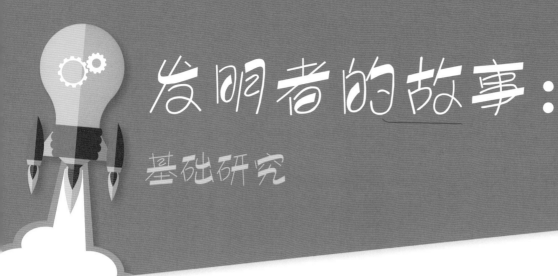

发明者的故事：
基础研究

发明家是怎样将诸如电动帆这种奇思妙想付诸实践的呢？
对于韦格曼来说，这个过程先从一些基础实验开始。

> 66 在马歇尔太空飞行中心，我们有一个实验舱。在这里面竖着一根当作线的不锈钢棒。棒的中间部分可以充不同的电压，然后我们就向它发射质子以测量质子是怎样发生偏转的。99
>
> ——韦格曼

韦格曼的实验数据将用于建立电动帆的计算机模型，以模拟完全尺寸的电动帆在太空条件下是怎样工作的。目前加里·赞克教授正在帮助建立这种模型，他是位于亨茨维尔的阿拉巴马大学的空间科学学院院长。

> 66 赞克博士拥有世界上星际介质方面最好

的计算机模型，他是一位国际专家，所以我们正在借助他和他团队的才智来帮助建立模型。**"**

——韦格曼

所完成的模型将帮助预测在不同的电线配置下所产生的推力大小。韦格曼希望这会使宇宙飞船任务的策划者们对电动帆推进形式感兴趣。

"设计用以在外太阳系中工作的宇宙飞船造价都非常昂贵，要耗资数十亿美元。我明白任务策划者们都不会希望将这笔资金花在尚未被证明的技术上。这种模型则会帮助我们证明这个创意能行得通。**"**

——韦格曼

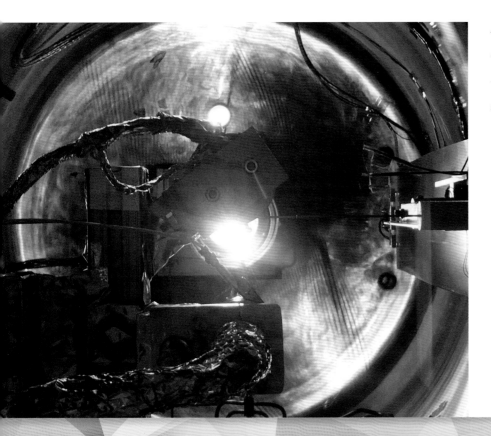

在马歇尔太空飞行中心，韦格曼的团队在等离子舱中测试电动帆的线的性能。

质子和电子

太阳风中既有质子，也有电子。那为什么将电动帆设计为使质子方向发生偏转，而不是电子呢？

> **"** 我们要使质子偏转是因为质子的质量要比电子的质量大得多。**"**
>
> ——韦格曼

第三运动定律指出每个作用力都有一个与它大小相等、方向相反的反作用力。当电动帆使一个粒子发生偏转时，会改变这个粒子的**动量**，相等的动量也会传输给电动帆。

物体的动量取决于其速度和质量。在太阳风中，电子和质子都以高速移动，且两种粒子都很微小。但一个质子的质量大约是一个电子的 2000 倍，因此发生偏转的质子可以给电动帆更多的动量。

然而异性电荷相互吸引，所以线的排斥使质子发生偏转，同时却吸引电子。

> **"** 时间一长，带负电的电子就会减小线本身所带的正电。为避免这种结果，我们必须要使用一种叫作电子枪的装置。电子枪可以将电子从线上引开，并将其射向太空。**"**
>
> ——韦格曼

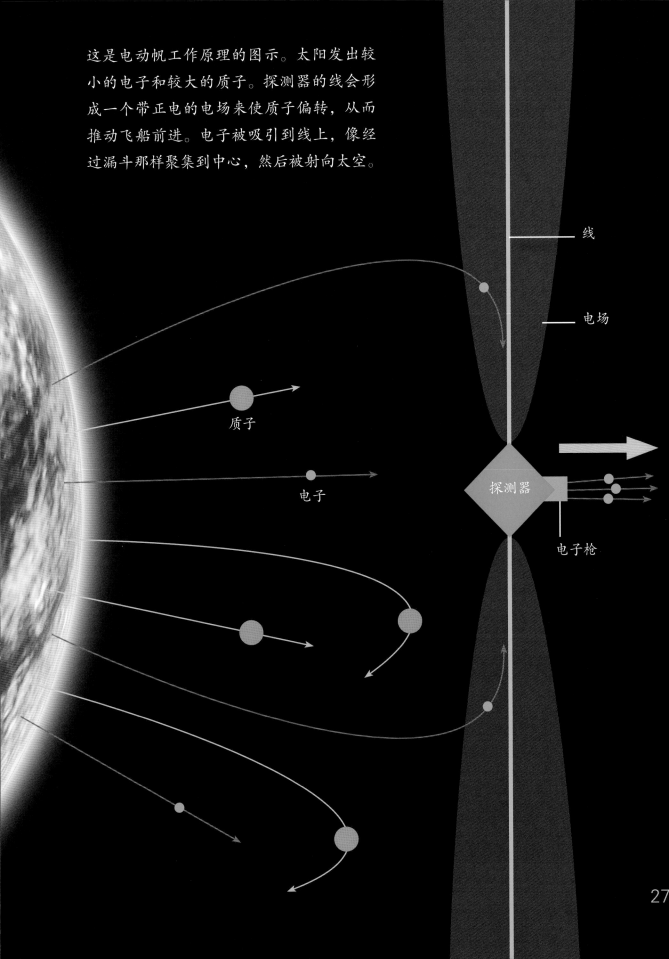

这是电动帆工作原理的图示。太阳发出较小的电子和较大的质子。探测器的线会形成一个带正电的电场来使质子偏转，从而推动飞船前进。电子被吸引到线上，像经过漏斗那样聚集到中心，然后被射向太空。

线

电场

质子

电子

探测器

电子枪

更长的线

质子的质量比电子大，但仍然是非常微小的。每个偏转质子仅能够向电动帆传输很小的动量。要使足够多的质子发生偏转以驱动一艘宇宙飞船，电动帆必须极大，这也就意味着线要极长。一艘完全尺寸的电动帆飞船可能需要线伸长达10～20千米。

碳纳米管和石墨烯都是化学元素碳的合成（人工制造）形式。碳构成了一些已知的最坚硬的物质，包括金刚石。碳很特殊，因为一个碳原子可以连接另外四个原子。在金刚石中，每个碳原子与四个相邻碳原子相连接，从而构成了坚硬、稳固的结构。

> 66 要达到这个长度，线的材质也必须要极为结实，但这种材质同时必须能够导电。我们目前正在研究一些以碳纳米管或石墨烯为基础的材料。99
>
> ——韦格曼

在碳纳米管和石墨烯中，碳原子也与其他相邻的原子相连接。但在碳纳米管中，原子形成一个微观的管状，而石墨烯中的碳形成的则是厚度为一个原子的平板。这两种形式都既有金刚石般传奇的坚硬程度，又兼具柔韧性。

66 另一个关键技术是线的展开。**99**

——韦格曼

在太空中展开既长又柔韧的线也是一项挑战。工程师必须研究出一种方法，能够从飞船将线不折断、不缠绕、不受阻碍地展开。

66 自 1996 年至今，美国在太空中展开过最长的软绳是 1 千米。**99**

——韦格曼

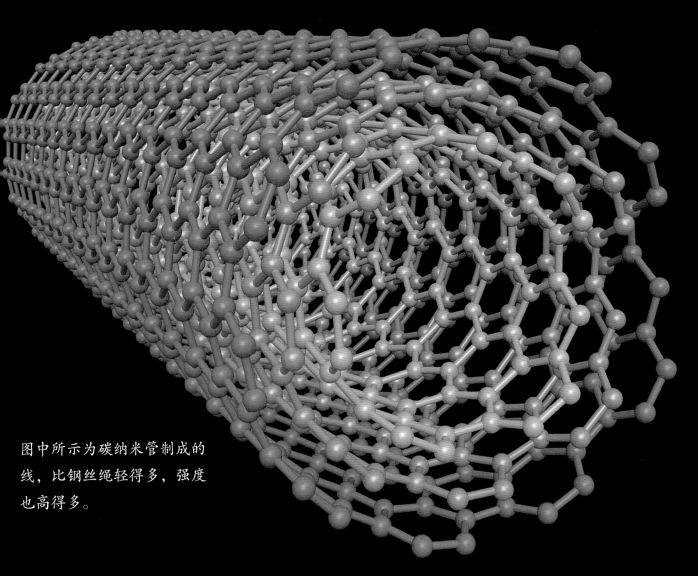

图中所示为碳纳米管制成的线，比钢丝绳轻得多，强度也高得多。

一艘电动帆飞船所产生的总推力与其线的总长度有关。

“ 很多人都认为得到最大总长度的最佳方式是将飞船布置得像自行车轮一样。飞船在中间，然后将所有的线像轮子的辐条一样呈风扇状在周围散开。”

——韦格曼

这样布置线的确会产生巨大的推力，但因为线是易弯曲的，因此也随之带来另一个问题。

“ 想象一下如果将一根树枝插入小溪或小河的水流中。当水流经过树枝时，树枝会向水流的方向弯曲。”

——韦格曼

同理，当质子将线推开时，线也会有向飞船前方弯曲的趋势，这样线就无法保持笔直。要使线始终保持笔直，电动帆飞船需要依靠一种叫作**向心运动**的运动。向心运动是一种圆形轨迹的运动。你玩过悠悠球或其他绳末端拴一个小东西的玩具吗？即使当末端的物体在绳子正上方时，绳子也会始终保持笔直。

这是因为旋转的物体有一个向外的动量。这种动量平衡了绳子向内的拉力并将绳子拉紧。

与之类似，旋转电动帆飞船可以在线上产生向外的动量，这个动量会将线拉紧，防止线弯曲。

人造重力　当面临太空中无重力的问题时，向心运动已经作为其解决方法被提出过了。设想一艘载有航天员的宇宙飞船或空间站是一个围绕其中心旋转的巨大的管状或环形，向心运动可以使航天员们一直处于环形或管形的表面，且能够在太空中更自如地行走、工作。

发明者的故事：
源于工业的灵感

> **❝** 我成长在一个铁矿重镇，母亲是一位老师，父亲在铁矿工作。**❞**
>
> ——韦格曼

20 世纪 50 年代到 60 年代间，韦格曼在美国东部俄亥俄河谷上游地区的西弗吉尼亚州度过他的童年。自他青年时期起，那个地区的很多工厂和铁矿都相继关闭，但韦格曼仍然记得这个地区的工业历史。

> **❝** 在俄亥俄河谷上游地区，我们匹兹堡曾有安德鲁·卡内基，19 世纪的克利夫兰有约翰·D·洛克菲勒，俄亥俄州的阿克伦市有通用磨坊食品公司，阿克伦还盛产拉链。在 19 世纪 90 年代的美国，阿克伦就是当时技术界的中心，就像今天的硅谷一样。**❞** ——韦格曼

卡内基是一位生于苏格兰的钢铁大王，洛克菲勒在石油工业发迹并成为富豪。韦格曼记得小

时候就参观过这个地区的工厂。

> ❝ 我们会去陶器厂看工人怎样把陶土做成陶罐。我那时就对机械的东西很感兴趣，像老旧的蒸汽机，还有那种带小滑轮的铜蒸汽机。❞
>
> ——韦格曼

这张照片中，年幼的韦格曼在母亲佛瑞思汀和哥哥马克中间。

韦格曼对工厂的工人也留下了深刻的印象。很多工人都有高超的机械技能，即便他们没怎么受过正规教育。

> ❝ 长大以后我还特别记得一个自己很钦佩的人。他只上过中学，但非常非常聪明。他当时在铁矿工作，是个机械工人，他保留着很老的关于 20 世纪 20 年代到 30 年代所建造的飞机的机械类书籍。我当时常去他那局促的车库里，在烧木头的火炉旁取暖，我们聊机械一聊就是几个小时。❞
>
> ——韦格曼

韦格曼对于机械的兴趣最终让他一路攻读了机械工程的博士学位，后来他去了美国国家航空和航天局工作，造宇宙飞船。

电动帆VS. 太阳帆

你可能也听说过另一种奇思妙想的帆式飞船——太阳帆。与电动帆类似，太阳帆是靠太阳提供动力的。

> 66 太阳帆的原理不同，它反射光子。太阳帆靠反射驱动，而不是斥力。99
>
> ——韦格曼

光子是光的微小粒子。太阳帆基本上是一面很大很薄的镜子，太阳中的光子被其闪亮的表面反射。反射时，光子即按照第三运动定律向镜子传输动量。在这一层面上，太阳帆与电动帆是类似的，但更重要的是，在外太阳系两者存在着差异。

> 66 离太阳越近太阳光就越强烈。当远离太阳时，光分散开来，作用于太阳帆上的推力也就变弱。当到达 5 个天文单位的距离时，就很难聚集起足够的太阳光来继续加速了。99
>
> ——韦格曼

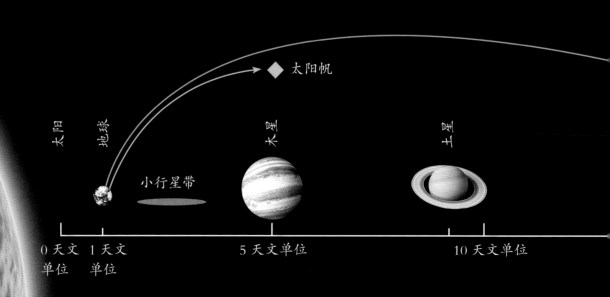

太阳帆

太阳　地球　小行星带　木星　土星

0 天文单位　1 天文单位　5 天文单位　10 天文单位

一个天文单位等于地球到太阳之间的平均距离。在距离太阳约 5 个天文单位之处是木星——太阳系中最大的行星。太阳风的粒子随着与太阳间距离的增大而分散开来，但分散时，电动帆会发生一件神奇的事。你还记得线周围电场形成的隐形管子或"帆"吗？它的大小一部分是由太阳风的电力影响决定的。当太阳风四散时，其电力影响会变弱，这实际上会导致管子或帆扩展，使更大的区域范围内的质子发生偏转。

> 我喜欢将电动帆想成一朵花，比如雏菊。设想一下你的飞船有 20 根呈风扇状分散开来的线。每根线周围都有一个隐形帆，就像雏菊的花瓣一样。一开始花瓣很细小，花瓣之间还有空隙。随着飞船逐渐飞离太阳，花瓣也越来越大。飞船飞得越远，花瓣长得越大，长着长着就填满了花瓣间的空隙。

——韦格曼

设想一个太阳帆和一个电动帆比赛，同时从距离太阳 1 个天文单位的地球发射飞船。哪艘飞船会赢呢？可能在离太阳 5 个天文单位距离以内两者相差无几，但到达这个距离太阳帆就将停止加速，而电动帆则将继续加速，一直到离太阳 15 或 16 个天文单位。

 电动帆

天王星

海王星

15 天文单位　　　　　20 天文单位　　　　　25 天文单位　　　　　30 天文单位

35

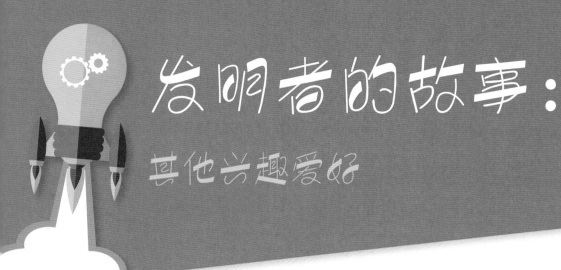

发明者的故事：
其他兴趣爱好

发明家们并不是所有时间都在实验室中度过，他们像普通人一样，也有兴趣爱好。

韦格曼骨子里就是个机械工，他喜欢收集研究老爷车。

> ❝ 我喜欢去看车展。现在我正在修着的有八九辆车。一共修了多少车，我都数不清了。❞
>
> ——韦格曼

韦格曼也喜欢跟两个十几岁的女儿待在一起。

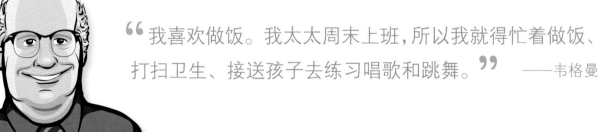

> ❝ 我喜欢做饭。我太太周末上班，所以我就得忙着做饭、打扫卫生、接送孩子去练习唱歌和跳舞。❞
>
> ——韦格曼

韦格曼站在一辆老式帕卡德汽车旁边拍照（左图）。

下图是韦格曼所收藏的一部分老爷车。

左图是韦格曼和他的两个女儿维多利亚（左一）、劳伦（右一）和妻子惠萍。

大创意：
越简单越好！

> ❝ 詹胡恩博士的电动帆设计中有的有 100 根线，有的只有 20 根。每根线的末端都有一个小模块。每个模块实际上就是一个带微型喷气发动机的迷你宇宙飞船，用来帮助部署线路。设想如果其中有 20 个模块由长线连接到中央飞船上，这就是一个相当复杂的系统。我们可能最终能够做到，但一开始恐怕不行。❞
>
> ——韦格曼

为了证明线能够正确地展开，韦格曼正在开发一项**技术验证任务**。该任务将通过简化版的飞船来证明这种技术是可行的。关键是使测试飞船越简单越好。

> ❝ 我们不希望由于使用的线太多而导致任务失败。如果线无法适当展开，那么结果就可能会一团乱，就像一碗意大利面一样。❞
>
> ——韦格曼

因此，韦格曼设想了一款相当简化的帆式飞船。该飞船可能只有一根线连接两个小模块。

> **"**设想每个模块都是一个鞋盒的大小。**"**
>
> ——韦格曼

发射时两个飞船紧挨在一起。飞船需要飞出地球的磁层，这是由于地球的磁场保护作用而不受太阳风影响的区域。

> **"**月球在其大部分轨道周期内都是在磁层以外的，因此只需要向月球的附近区域发射一艘飞船即可，线延伸到哪儿，就去到哪儿。**"** ——韦格曼

到磁层之外后，飞船会分离，其中间的线也会拉长至总长度 16 千米。模块上的微型喷气发动机会使线上下旋转，通过向心运动防止线发生弯曲。

> **"**每天旋转 8 圈应该就足够使线保持拉紧状态。**"**
>
> ——韦格曼

线中间的绝缘体（不能传导电的材料）会将线分成两部分。任务管理人员可以通过改变每一部分的充电量来驱动飞船。

> **"**我们只想证明我们能够部署线，可以加速，也可以驱动飞船。就这三件事，越简单越好。**"**
>
> ——韦格曼

黄道之外

对于技术验证任务，韦格曼心中也有一个更简单的目标。到达太阳风层顶的距离对于验证任务来说有些过长了，还有一个离地球更近的地方是化学火箭无法到达的，即黄道平面之外。

太阳系中的物质并不是均匀分布在太阳的各个方向上的，行星及很多其他天体都是在一个平面太空区域里，称为黄道平面。黄道平面可以想象为围绕太阳的一个看不见的圆盘。圆盘里面是行星和其他天体的轨道。

太阳系中的行星和其他天体大多都在黄道平面沿轨道运行、旋转，因此在平面内有大量引力和动量。宇宙飞船就可以利用这些引力和动量来减少推进剂的使用。但要去往黄道平面上面或下面则困难得多，也需要使用更多推进剂。

电动帆不需要任何燃料，它们靠太阳风驱动，而太阳风在各个方向都是均匀吹动的。这一客观事实应当能够使电动帆成为去往黄道平面之外任务的理想选择。

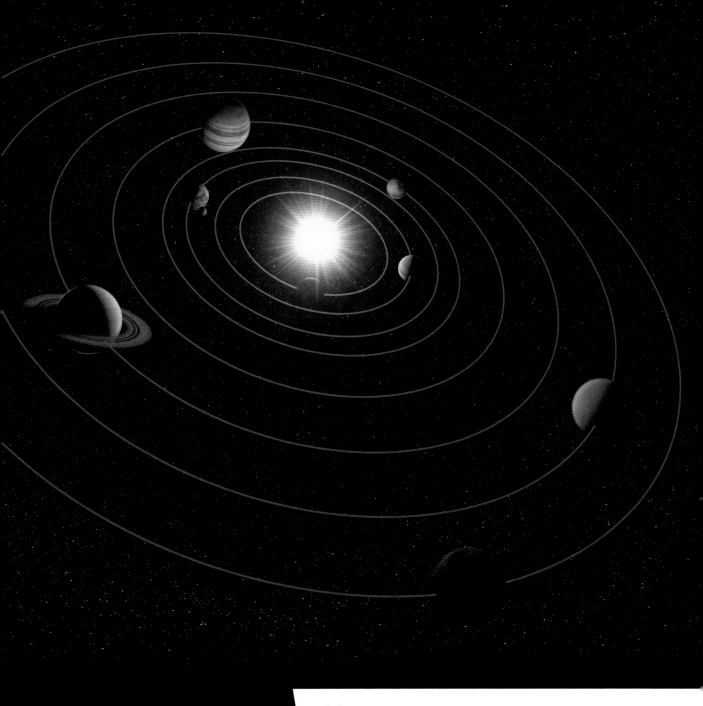

太阳系中的所有行星都在同一黄道平面中沿轨道运行。

将边界拉近

> 66 你可以看一下汽车工业，亨利·福特设计了 T 型车，但别人也并不是第二天就有了兰博基尼和法拉利。99
>
> ——韦格曼

福特的 T 型车是第一款流行并广泛使用的车。就像韦格曼的技术验证任务飞船一样，T 型车的设计也是简单、可靠。

> 66 第一个太空探索的任务很像 T 型车。你必须确保很可靠才行。尽我们所能去做。99
>
> ——韦格曼

韦格曼认为他的飞船将于 2021 年完成并发射。由于很小，所以发射成本较低，也可能会搭配某个更昂贵的任务一起发射。飞船将用三年时间到达黄道平面之外 50 度的地方。

> 66 如果我们能够在技术验证任务中证明电动帆可行，那就可以让科学家们参与进来。科学家们需要一种好的推进系统，能够让宇宙飞船想去哪儿就去哪儿。99
>
> ——韦格曼

对于那些对外太阳系感兴趣的科学家来说，电动帆代表一种巨大的进步。一个完全尺寸的电动帆有一天可能会带着他们的宇宙飞船用 12 年时间就到达太阳风层顶，而不是现在的 35 年，这样就能够在科学家的有生之年内传回所收集的数据。

T型车（左图）是一款简单经济的车型。1908年到1927年间卖出了超过1500万辆。

下图是一位艺术家所设想的电动帆及其工作原理。

43

布鲁斯·韦格曼和他的团队

太阳风层顶静电快速传输系统团队成员。

右三为布鲁斯·韦格曼。

词汇表

太阳系　银河系中以太阳为中心的天体系统，包括太阳、八大行星及其卫星和不计其数的其他天体。

太阳风层顶　太阳风遭遇到星际介质而停滞的边界。

推进剂　用于驱动火箭的燃料和其他化学剂。

质量　表示物体中含有物质多少的物理量。大自然中的所有物体都是由物质构成的。

电动帆　通过使用充电的线来驱动带电粒子而产生推力的装置。

磁场　磁体周围磁力影响的不可见区域。地球就是一个巨大的磁体,有北磁极和南磁极两个磁极。这两个磁极与地理意义上的南北两极相距很近，但并非同一点。

太阳风层　太阳周围有太阳风的区域。

推进　推动物体，例如宇宙飞船。

质子　一种带正电的亚原子粒子（原子的一小部分）。

电子　一种带负电的亚原子粒子（原子的一小部分）。

第三运动定律　一个物理学原理，指出每个作用力都有一个与它大小相等、方向相反的反作用力。由英国科学家艾萨克·牛顿爵士提出。

动量　物体的运动力。一个移动着的物体的动量等于其质量乘以其速度。

向心运动　围绕一个固定点或轴线的圆周运动。

技术验证任务　简化版的太空任务，其设计目的是为了证明某项新技术的可行性。

更多信息

想要了解更多有关太阳的知识吗?

Taylor–Butler. *The Sun*. New True Books: Space. C. Press/F. Watts Trade, Inc., 2014.

想要自己做一下磁铁试验吗?

Thomas, Isabel. *Experiments with Magnets*. Read and Experiment. Raintree, 2015.

想要了解更多有关艾萨克·牛顿爵士的第三运动定律的知识吗?

Gianopoulos, Andrea. Phil Miller. Charles Barnett III. *Isaac Newton and the Laws of Motion*. Inventions and Discovery. Capstone Press, 2007.

像发明家一样思考

下图为电动帆宇宙飞船的三种设计。量一下每种设计中每根线的长度(厘米),再将所有线的长度加起来。想想哪种设计产生的推力最大?

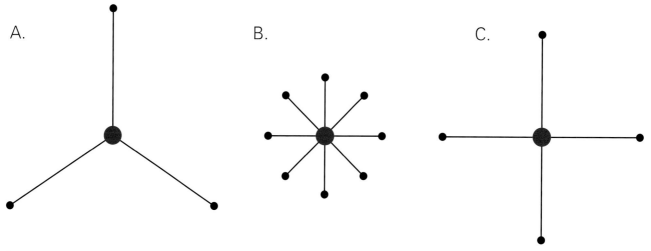

A.　　　　　　　B.　　　　　　　C.

答案：B

致谢

下列机构、个人、公司、图书出版单位为本书提供了照片及其他插图，书中出现的每一幅插图所对应的页码均列在提供单位和个人的前面。

封面　　　NASA/Marshall Space Flight Center

4–5　　　NASA/Bill Ingalls

6–7　　　© Shutterstock

8–9　　　NASA/Steele Hill

10–11　　NASA/Goddard Space Flight Center Conceptual Image Lab

12–13　　NASA/SDO/AIA

14–15　　© Claus Lunau, Science Source

16–17　　NASA/Marshall Space Flight Center

19　　　　Riina Varol (licensed under CC BY–SA 3.0)

20–21　　© H.S. Photos/Alamy Images

23　　　　NASA/MSFC/Emmett Given

25　　　　Bruce Wiegmann

26–27　　WORLD BOOK illustration by Melanie Bender (© Shutterstock)

28–29　　NASA

31　　　　© Shutterstock

33　　　　Bruce Wiegmann

34–35　　WORLD BOOK illustration by Melanie Bender (© Shutterstock)

37　　　　Bruce Wiegmann

40–41　　© Shutterstock

43　　　　© Bettmann/Getty Images; © Alexandre Szames, Antigravite

44　　　　Bruce Wiegmann

46　　　　WORLD BOOK diagram by Melanie Bender

图书在版编目（CIP）数据

太阳风动力飞船 /（美）杰夫·德·拉·罗莎著；
李潇潇译 . —上海：上海辞书出版社，2018.8
ISBN 978 – 7 – 5326 – 5152 – 8

Ⅰ . ①太… Ⅱ . ①杰… ②李… Ⅲ . ①太阳风 — 应用
—宇宙飞船 Ⅳ . ① V476.2

中国版本图书馆 CIP 数据核字（2018）第 155702 号

太阳风动力飞船 tài yáng fēng dòng lì fēi chuán

〔美〕杰夫·德·拉·罗莎 著 李潇潇 译

责任编辑 周天宏
封面设计 梁业礼

出版发行 上海世纪出版集团
上海辞书出版社（www.cishu.com.cn）
地　　址 上海市陕西北路 457 号（200040）
印　　刷 上海雅昌艺术印刷有限公司
开　　本 890×1240 毫米　1/16
印　　张 3
字　　数 40 000
版　　次 2018 年 8 月第 1 版　2018 年 8 月第 1 次印刷
书　　号 ISBN 978 – 7 – 5326 – 5152 – 8 / V·2
定　　价 25.00 元

本书如有质量问题，请与承印厂联系。T: 021 – 68798999

OUT OF THIS WORLD

走 出 这 个 世 界

认识美国国家航空和航天局发明家**梅森·派克**和他的

鱼形太空探测器

SQUISHY,FISHY ROBOT EXPLORERS

[美] 杰夫·德·拉·罗莎 著

朱卫国 译

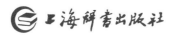

上海科学技术文献出版社

上海市版权局著作权合同登记章：图字09-2018-347

目　录

词汇表　第45页为术语词汇表。词汇表中的术语在正文中第一次出现时为粗体。

木星按离太阳由近及远的次序是**太阳系**的第五颗行星，也是太阳系中最大的行星。它的**卫星**之一木卫二，或许是你可以想象的最糟糕的居住地。木卫二寒冷而黑暗的表面覆盖着厚度约达 20 千米的冰层。

生命（生活在地球之外的生物）中起着重要的作用。在地球上，生命有许多不同的形式，从微小的**微生物**到巨大的大象。但是我们所知道的所有生命都有一个共同点：它们需要一些液态水来维持生命。

充满生命的海洋？

木卫二冰层下面巨大的海洋是否充满了生命？为了找出答案，我们可能必须到那里去。派航天员到如此遥远的地方去目前还不可能。所以，我们将会派机器人去。但一般的机器人身上都是金属零件和旋转的马达，太笨重了，而且价格也太昂贵了。

为了寻找冰层下的海洋生物，我们可能要设计像海洋生物那样行动的机器人。由一位名叫梅森·派克的美国教授领导的一个发明家团队就在干这件事。他们的梦想是把探测机器人送到木卫二的冰下海洋中寻找生命。他们正在设计的那些湿软的机器人与其说像昔日笨重的机器，倒不如说更像水母或乌贼。

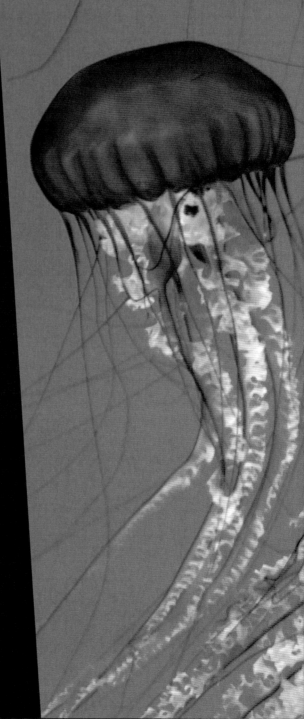

水母是用类似胶状的材料支撑其柔软躯体的水生动物。它们以身体像降落伞那样膨胀打开，然后又迅速收聚起来的方式来游水。这种运动把水从躯体下面挤出，喷射水流的反作用力使得水母在水里移动。

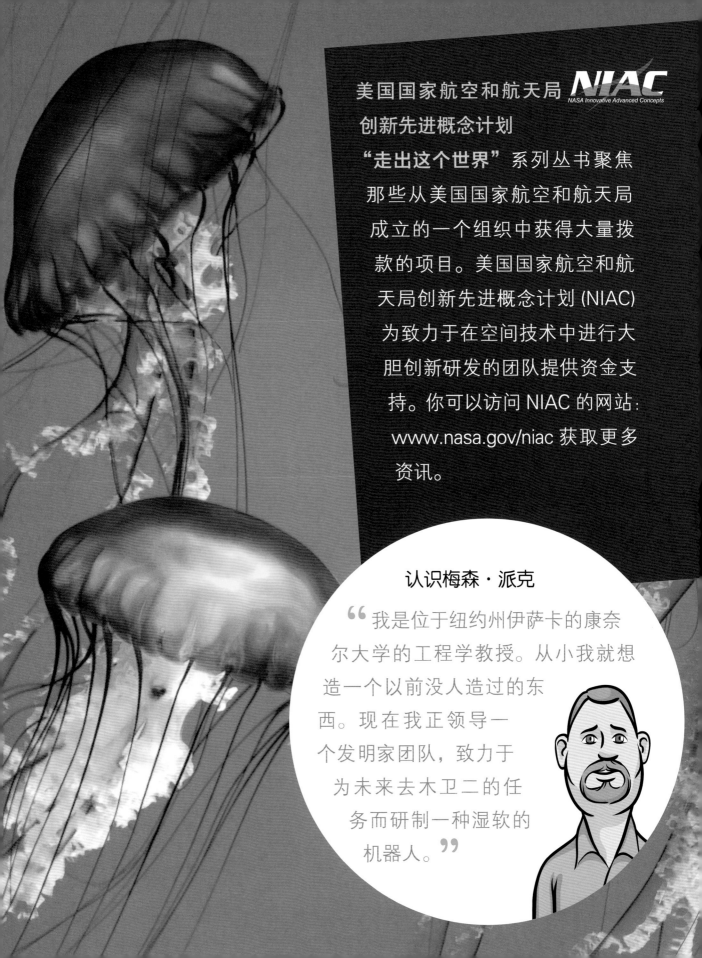

美国国家航空和航天局 **NIAC** *NASA Innovative Advanced Concepts*
创新先进概念计划

"走出这个世界"系列丛书聚焦那些从美国国家航空和航天局成立的一个组织中获得大量拨款的项目。美国国家航空和航天局创新先进概念计划 (NIAC) 为致力于在空间技术中进行大胆创新研发的团队提供资金支持。你可以访问 NIAC 的网站：www.nasa.gov/niac 获取更多资讯。

认识梅森·派克

" 我是位于纽约州伊萨卡的康奈尔大学的工程学教授。从小我就想造一个以前没人造过的东西。现在我正领导一个发明家团队，致力于为未来去木卫二的任务而研制一种湿软的机器人。"

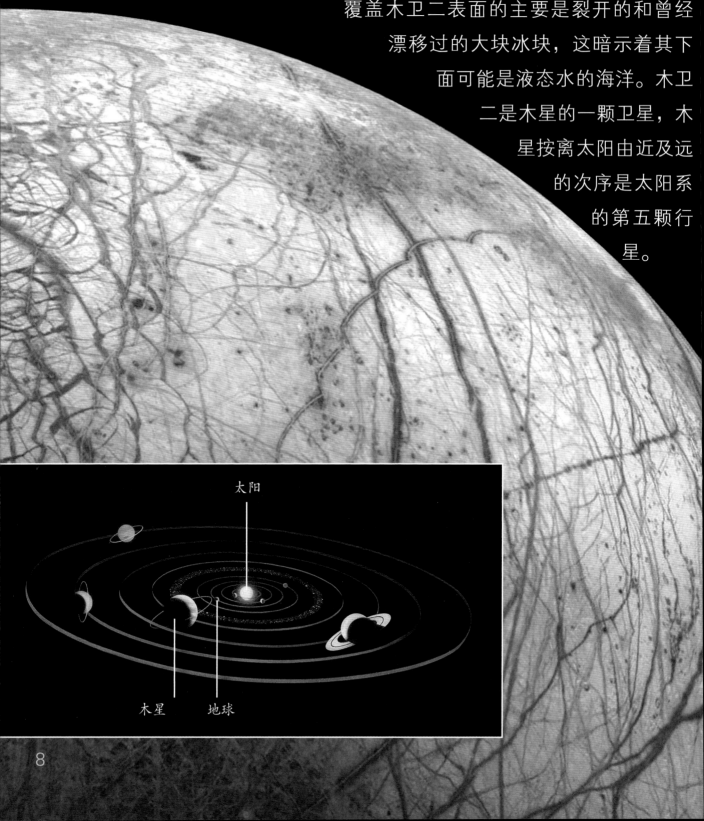

覆盖木卫二表面的主要是裂开的和曾经漂移过的大块冰块，这暗示着其下面可能是液态水的海洋。木卫二是木星的一颗卫星，木星按离太阳由近及远的次序是太阳系的第五颗行星。

太阳

木星　地球

我们的太阳系包括太阳和太空中围绕太阳旋转的所有天体，包括地球。地球按离太阳由近及远的次序是太阳系的第三颗行星，木星是第五颗。木星是太阳系中最大的行星。它是一颗气态巨行星。气态巨行星是主要由**氢**和**氦**元素组成的一类巨大行星。

与地球或火星不同，木星没有可以用来寻找生命的固体表面。但它却有几十颗由岩石和冰组成的卫星。卫星是围绕行星旋转的天体。木星有四颗很大的卫星，只需简单的望远镜就能从地球上看到。意大利天文学家伽利略（1564—1642）在 17 世纪初就发现了这四颗卫星。伽利略是第一位用望远镜定期观测夜空的科学家。为了纪念他，这四颗卫星被称为伽利略卫星。按离木星由近及远的次序，分别命名为 (1) 木卫一，(2) 木卫二，(3) 木卫三，(4) 木卫四。

木卫二直径约 3120 千米，略小于地球的卫星月球。木卫二光滑而明亮的表面由水冰组成。（冰可以由水以外的其他东西构成。例如，一种叫作甲烷的气体可以冻结成冰。）

木卫二表面的温度不会高于 –160℃。相比之下，地球上记录的室外最冷的温度约为 –89℃。木卫二的大气非常稀薄。它也始终遭到来自木星的**磁场**粒子（微小原子）的轰击。这个磁场是一个围绕着该行星的无形的磁性影响区域。

木卫二的冰层下可能是温暖的。当木卫二围绕着木星运行时，木星**引力**拉扯、挤压着它的卫星。这种拉扯挤压使木卫二的内部加热，这种效应叫作**潮汐加热**。有充分的证据证明，潮汐加热有助于在木卫二冰层下数千米维持一片液态水的海洋。这片海洋可能覆盖了整个木卫二。科学家们就是想在这里寻找外星生命。

艺术家设想的覆盖了木卫二表面的厚厚的冰层（横跨中心部分）。在冰和岩石底部之间，被认为是一片液态水的海洋。

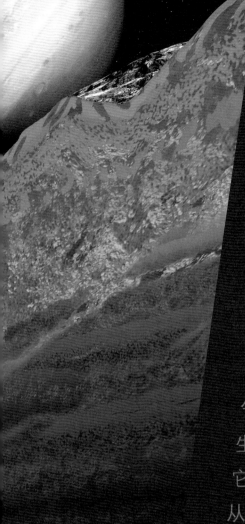

跟着水走

天体生物学家是寻找外星生命迹象的科学家。要想知道该往哪里寻找，他们必须研究他们所知道的生命形式。

> ❝ 遗憾的是，天体生物学家只有一个实例——地球上的生命。但他们知道，地球上的生命是非常多样化的。地球上我们能看到的地方几乎到处都可以找到生命体。在接近太空边缘的高层大气有细菌。在热水渗出的海底有一些叫作极端微生物的生命体。甚至还有一些生活在岩石里的生物。它们从岩石中的物质释放出的辐射中汲取能量，而从来没有见过白昼或者别的任何东西。❞
>
> ——派克

尽管它们有巨大的多样性，但我们知道所有生命形式至少有一个共同点：它们需要液态水来生存。因此，当天体生物学家寻找外星生命时，是从有充足液态水的地方开始的。在我们的太阳系中，这些地方可能包括火星的一部分、木卫二冰层下的海洋、土星的卫星——土卫二冰层下的海洋。

为任务提供动力

探索木卫二的主要问题之一是缺乏能源。探测机器人需要工作的动力源。普通电池太重，而且电力很快就耗尽，在极端环境（条件非常苛刻的环境——例如，极热、极冷或十分干燥）下的工作性能也不是很好。

许多无人航天器都使用**太阳能**。它们用叫作太阳能电池板的装置来把阳光转换成电能。然而，木星离太阳的距离是地球的五倍。这意味着到达木卫二的阳光强度只有到达地球表面的二十五分之一。在冰下几千米探测机器人可能完全在黑暗中工作。

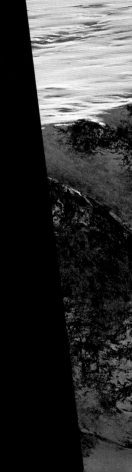

航天器的另一种现成的动力源是**核能**。核动力航天器携带放射性物质。放射性物质自然衰变（分解）并且在衰变过程中释放能量。放射性衰变产生的热量被转换成电能。但是这样的动力系统不仅昂贵而且笨重。

据我们所知木卫二表面以下是漆黑一团，完完全全的一片黑暗。

——派克

13

而派克领导的发明家团队正在设法利用另一种能源——磁力来为他们的机器人供电。磁铁和其他磁性物体在它们周围形成一个无形的影响区域，这个区域就是磁场。磁场中的波动（变化）会在导体中产生电流。所谓导体是一种能传导电流的材料。在地球上，发电机就是根据这个原理工作的，这种原理就是**电磁感应**。

许多发电机——将运动转化为电能的机器——的工作方式就是在磁铁附近旋转一个线圈。旋转线圈，使其暴露在磁波动中，从而在线圈内部感应产生电流。以一种有点类似的方式，该发明团队的探测机器人在尾部拖一根长导线，称为电磁缆索。在这种情况下，木星的作用就像磁铁，行星强大磁场中的波动会在缆索（机器人尾部像系绳一样的线）上产生电流。机器人可以收集电流为动力。这种收集能量的方式称为**电动能量采集**。虽然这种缆索可能不会收集到大量的电力，但只要加上一点聪明的想法，这些电力可能就足够了。

回馈地球：

木星像下图描绘的那样放射出强烈的磁场。

来自太空的创意也可以服务于地球上的我们

> **机器人游泳的方式和它使用电力的方式可以告诉我们，我们如何更有效（没有浪费）地利用地球上的能源。**
>
> —— 派克

像美国国家航空和航天局这样的组织支持"走出这个世界"的研究，部分原因是它可能会给我们的日常生活带来实际的好处。木卫二上的探测机器人不得不用很少的能量来工作。这迫使发明者开发出极其高效的动力系统。

> **我们所造的机器人在能量方面受到高度的限制（能量有限），不能拥有需要的所有能量。在这些限制条件下设计一项技术，实际上教会了我们如何花更少的能量来做更多的事情。**
>
> —— 派克

空间技术的任何突破都可能导致地球上出现更高效的系统，在地球上，能源效率和保护（保护地球自然资源）是全球关注的问题。

发明者的故事：
一位小发明家诞生了

从很小的时候起，派克就对用来满足人类需要的建造技术（工具和机器等）感兴趣。

六岁的派克在玩乐高积木。

> 长大后，我急切地等待家里的电器出故障，这样我就能把它们带到地下室完全拆开（把它们彻底大卸八块）。我从来没有弄坏过任何东西，但有东西损坏的时候我从来没有伤心过。

—— 派克

派克对修理这些机器不感兴趣。相反，他对它们里面到底有什么东西却很着迷。

> 里面总是有惊喜：镀绿漆的漂亮的铜线圈，令人惊叹的小开关和可以插上电池看着旋转的电动机。我想如果我父母问我能不能修理坏的机器，我会感到非常惊讶。对我来说，把坏了的电器拆得支离破碎是把它们扔进垃圾桶之前获得最后一点乐趣的方法。

—— 派克

作为一个成年人，梅森建议年轻人首先研究他们感兴趣的事情。

> 今天你对感兴趣的技术进行探索所需的信息和工具比以往任何时候都更容易获得。你不必等待大人们的鼓励。把握自己的兴趣，并试着独自去学习。

—— 派克

更柔软的机器人

传统的机器人有硬质合金或塑料制成的身体。它们的部件在关节处连接，并由齿轮和马达驱动。所有这些刚性（不弯曲）部件都需要相当大的能量来驱动。而坚硬的、有关节的身体特别不适合游泳。所有这些刚性部件在水中移动时都会产生被称为湍流的涡流，从而减缓机器人的移动速度。电动能量采集可能无法为这样的机器人提供足够的动力。

为了探索木卫二的海洋，未来的探测机器人可能不得不变得柔软。**软体机器人技术**是工程学中一个相当新的分支。在软体机器人技术中，刚性部件被能够弯曲的软橡胶或塑料部件所取代。推动诸如空气或水那样流动的东西，通过它们可以改变这些部件的形状。

与刚性机器人相比，软体机器人有许多优点。首先，它们可以以更复杂的方式移动和弯曲，例如像蛇一样卷曲。它们甚至可以膨胀（变大）或收缩（变小）。

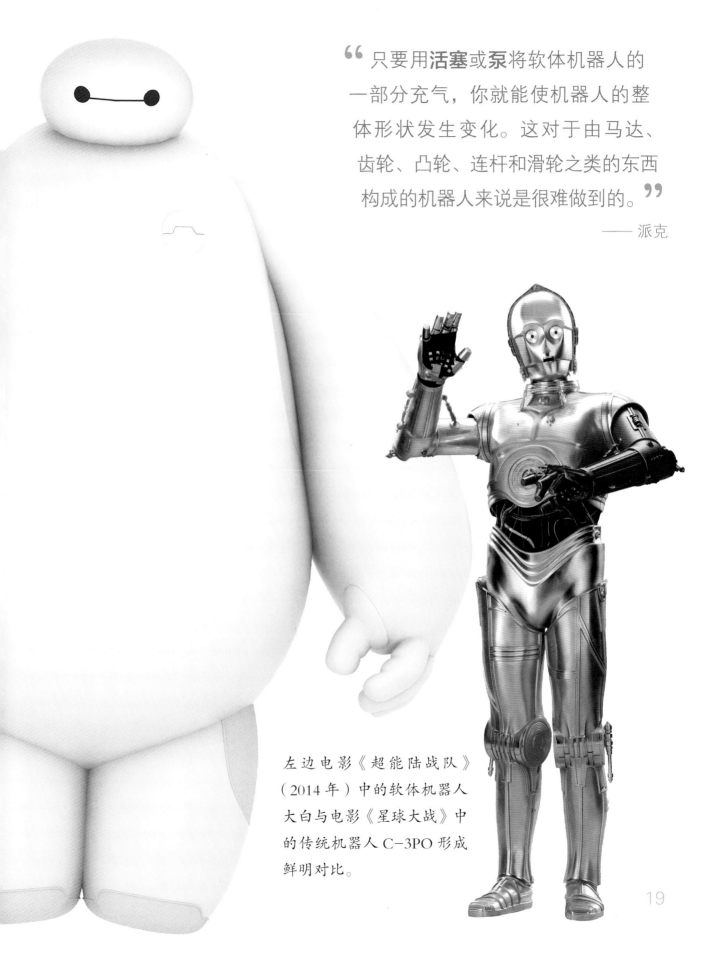

> **"**只要用**活塞**或**泵**将软体机器人的一部分充气，你就能使机器人的整体形状发生变化。这对于由马达、齿轮、凸轮、连杆和滑轮之类的东西构成的机器人来说是很难做到的。**"**
>
> —— 派克

左边电影《超能陆战队》（2014 年）中的软体机器人大白与电影《星球大战》中的传统机器人 C-3PO 形成鲜明对比。

19

软体机器人与刚性机器人相比还有其他优点。刚性机器人在施加轻微压力或调整握力时可能会遇到麻烦。这会导致它们压碎或损坏它们所处理的东西。科学家通过实验证明了软体机器人的夹钳更适合处理易碎和形状怪异的物品，如新鲜水果和蔬菜。

此外，软体机器人的制造成本可能要低得多。传统的机器人零件通常是用昂贵的金属并以昂贵的方式制造的。

66 造一个软体机器人，我们所做的就是浇注一个橡胶的躯体。我们制造一个模具并倒进液态硅橡胶。橡胶固化后，我们就把它从模具里取出来。**99**

——派克

带有软夹钳的机器人可能更适合处理形状奇特或易碎的物品（右上）。在右下角的图片中，一个硅橡胶机器人被从模具中取出。

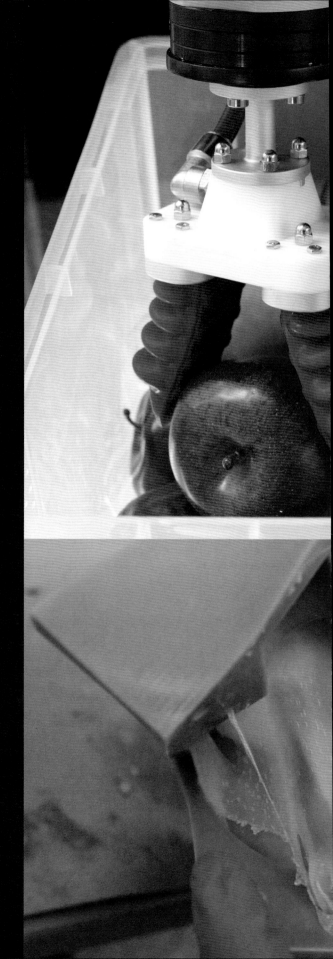

回馈地球：

来自太空的创意也可以服务于地球上的我们

　　用于医学领域的软体机器人技术也正在开发中。在某些外科手术中，医生们使用机器人设备的例子越来越多。与刚性机器人相比，软体机器人能更轻柔地处理活体组织（形成动物或植物各部分的大量细胞），而不会损坏它。软体机器人技术也可以用来制造弯曲效果更像活体组织的假肢。

66 软体机器人可以以正确的方式与人体保持一致，也可以像身体一样移动。**99**

—— 派克

发明者的故事：

灵感来自科幻小说

像许多工程师一样，派克从科幻小说中获得灵感。事实上，他的父亲，理查德·派克（1936— ）就是一位科幻小说作家，在 20 世纪 60 年代至 70 年代就发表了一些科幻小说。理查德·派克最著名的小说《通勤列车》中，通勤者（上下班的人）必须轮流开一列未来的火车穿过危险区域。

❝ 科幻小说中有很多伟大的概念。小时候，我就想把它们变成现实。**❞**

—— 派克

> **❝** 我非常幸运有一个鼓励我思考这些问题的父亲，而且他有一个充满科技书籍的图书馆。**❞**

—— 派克

派克成了亚瑟·C·克拉克 (1917—2008) 和菲利普·K· 迪克 (1928—1982) 等作家的书迷。他也对他年轻时代的电影——从《2001：太空漫游》(1968 年) 到《星球大战》(1977 年)——中对于未来的想象感到惊讶。

> **❝** 虽然这些电影显然是虚构的，但是它们仍然向你展示了科技非凡的能力。今天在互联网上，你可以发现很多人非常努力地制造光剑 (《星球大战》中的未来武器)。虽然在物理上未必可行，但是科幻小说的故事激发了人们对现实科学的灵感。**❞**

—— 派克

亚瑟·C·卡拉克

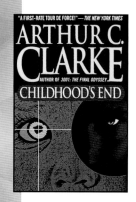

亚瑟·C·卡拉克 (1917–2008) 是一个出生在英国的作家，他的科幻小说以其科学准确性而著称。他早期的作品让大众更了解太空旅行的概念。克拉克最优秀的著作包括小说《童年的终结》(1953 年) 和《与拉玛相会》(1973 年)。他还参与了电影剧本《2001：太空漫游》的编写。

" 我爱克拉克，爱他那些美好的展望。他经常描述那种科技能带来的乌托邦（完美的地方）。**"**

—— 派克

菲利普·K·迪克

菲利普·K·迪克 (1928—1982) 是一个美国科幻作家。他的科幻小说以对哲学（研究存在与真实的学科）思想的关注而著称，不太注重情节或小玩意（幻想的武器或器件）。在他最著名的小说《机器人会梦见电子羊吗？》(1968 年) 中，受雇来抓人形机器人的赏金猎人，一直在努力解决人类意味着什么的问题。这本书成为电影《银翼杀手》(1982 年) 的灵感源泉。

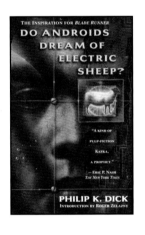

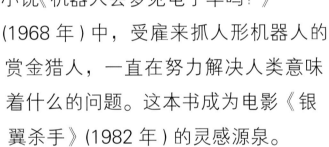

❝ 迪克的故事与传统的'暴眼怪物'的科幻小说有很大区别。❞

—— 派克

像鱼儿一样游水？

用湿软的材料制成可以使木卫二上的探测机器人做一些传统机器人很难做到的事情——游水。这种机器人可以制成像水母这样的海洋生物一样，并以类似的方式游水。但要做到这一点，它需要的不仅仅是一个柔软的身体，还需要一个独特的推进系统（用来移动的系统）。

" 机器人通过把水转化为爆炸性气体把它从水中采集的电力储存起来。**"**

—— 派克

派克的湿软的机器人会利用从木星磁场中获得的少量电能来进行**电解**。电解是利用电流分离化学元素。在这种情况下，机器人将水（化学式 H_2O）电解成氢气 (H_2) 和氧气(O_2)。机器人会将这些气体储存在它柔软的身体内。

当机器人需要移动时，它会将氢和氧结合起来。将这两种气体结合在一起会产生强烈的爆炸。事实上，许多火箭都是由氢和氧结合产生的动力来驱动的。

这种像鱼一样的湿软的机器人会在更小的范围内产生这样的爆炸。机器人的设计可以使微小规模的爆炸产生膨胀的气体从而改变身体的形状。例如，机器人可以像雨伞一样伸展身体的一部分来吸水，然后把水挤出来，把自己推向另一个方向。水母就是以类似的方式移动的。

在这幅图中，一个软体机器人将氢
氧结合推动自己在水中穿梭。

派克的机器人将水分解成氢气
和氧气，以此作为一种储存能量
的方法。在电解过程中两个水分
子产生两个氢气分子和一个氧
气分子，如图所示。

水　　　　氢　　　　氧

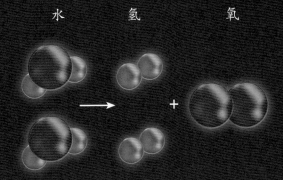

大创意：

仿生

Bio 一词来自古希腊语，其词根意思是生命。Mimesis 也来自古希腊语，意思是模仿。**仿生学**（biomimetics）是模仿生物工作方式的实用设计技术。生物进化的过程非常缓慢，经过数百万年演变它们才能像现在这么高效。水母的进化，使它能用很少的能量来游水。

"水母或多或少倾向于随波逐流，它们大多静止不动，时而进行一次跳动（一次舒张与收缩）。水母收缩并挤压水，把身体推向相反的方向。在水母所处的环境中没有足够的能量使它连续不断地跳动和喷水。" ——派克

通过像水母一样在水中移动，机器人能更有效地利用木卫二上有限的能源。

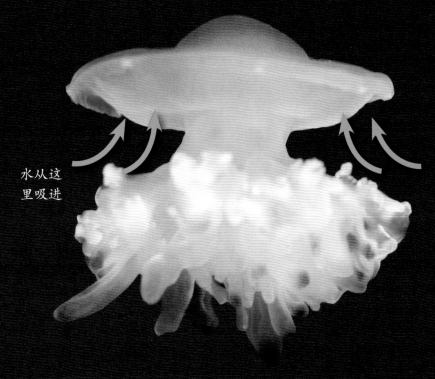

水从这
里吸进

水母是用类似胶状的材料支撑它们柔软身体的水生动物。它们通过把身体像降落伞那样膨胀张开，然后再迅速收缩的方式来游水。

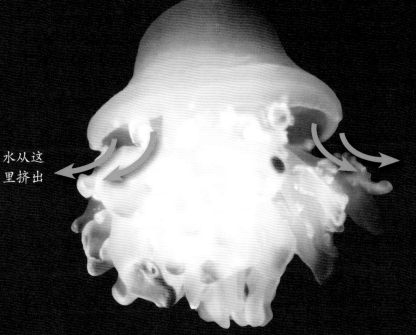

水从这
里挤出

这种从躯体下把水迅速挤出的动作使水母能在水里穿行。

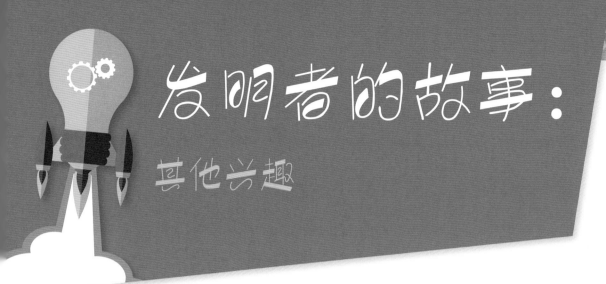

发明者的故事：

其他兴趣

派克对建造东西的兴趣并没有使他直接去工程实验室。年轻时他对计算机科学很感兴趣。他记得曾听说 20 世纪 80 年代初有过一场业余计算机程序员的比赛。

> " 你不得不回想一下 1983 年的景象。我们刚刚走出计算机应用的'黑暗年代'。人们不用为 IBM 这样的大公司工作就可以用键盘打字并编写自己的小程序，这在当时确实是件新鲜事。人们听说有这样的比赛感到很好奇，通过这种方式人们认识到他们有解决技术问题的能力。"

—— 派克

和他父亲一样，派克也喜欢读书和写作。在大学里，他曾学过中世纪英国文学（大约 8 世纪到 15 世纪末

的英国文学作品）。但是他想创造新事物的愿望把他带回了工程部。

年幼的派克和他的父亲。

66 我一直对做一些新的、以前从来没人做过的事情感兴趣。我觉得我在英国文学方面做不到这点。其他人也许可以，但是对我来说我觉得我可以在科技世界做出更大的贡献。99

—— 派克

派克曾经考虑当一个插画小说作家。他甚至在烹饪学校学习过一段时间，沉迷于糕点制作。

66 要做所有你感兴趣的事情是很难的。我告诉我的学生们，你们需要的并不是能让你做所有你感兴趣的事情的工作。而是能让你做你最感兴趣的事情的工作。毫无疑问，我对太空和探索最感兴趣。99

—— 派克

到木卫二去

今天，派克和他的团队正在实验室里做实验，看看这些软体机器人是否能工作。如果他们成功的话，数年之后将有一项真实的任务。那次任务将会是什么样子呢？

一枚火箭将从地球上发射，携带着一个或几个类似鱼的软体机器人以及把它们送到木卫二海洋所需的设备。

木星看起来是地球在太阳系的隔壁邻居。但这颗行星却离地球有数亿千米远。飞往木卫二的飞船可能要花五年左右的时间才能到达目的地。

一旦到达木星，飞船就会进入围绕木卫二的轨道。从那里，它会向木卫二表面降落一个**着陆器**。着陆器会将电池供电的、同时携带着湿软机器人的加热器插入冰中。这个装置会在数周或几个月的时间里钻透几十千米的冰层。

当加热器最终到达水面时，它会放出湿软的探测机器人，探测机器人会进入黑暗、寒冷的海洋。加热器会留在原地，作为一个通信中继设备。探测机器人收集到的数据会通过无线电传送到加热器，再从那里传送到着陆器、轨道，并最终传送到地球。

轻装前行

> 运送东西到遥远的木卫二是很贵的。即使是一个非常小的物体，比如说一片水果那么小，也可能花费数百万甚至十亿美元。我们的探测器可以做得相当小——像足球那么大，重量可能只有几千克。

—— 派克

幸运的是，需要运送到木卫二海洋的机器人和所有设备的重量可能不到 45 千克。它可能轻得足以搭上另一次飞往木星的任务。

一枚大型火箭可以携带派克的软体机器人，伴随另一项任务（例如轨道卫星）飞到木卫二。

虽然木卫二之旅还很遥远，但是派克已经有了如何把湿软的机器人送到它们能工作的冰下海洋的方案：

卫星与火箭分离飞向
木卫二

火箭从地球发射

着陆器会轻轻地降落在木卫二表面，用火箭减缓降落速度 (A)。一旦着陆，它就会释放出一个加热器使冰融化 (B)。一旦到达液态水，加热器就会释放出派克的湿软的探测机器人 (C)。加热器和着陆器将留在原地，作为机器人的无线电中继站。

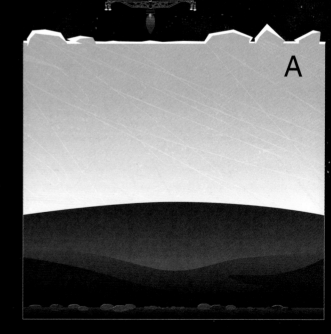

A

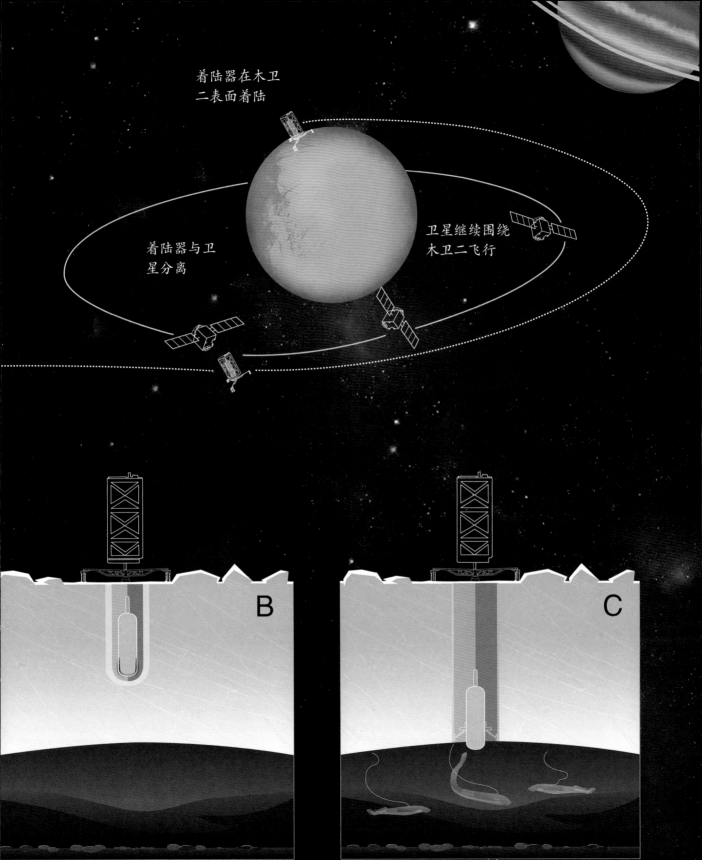

着陆器在木卫二表面着陆

着陆器与卫星分离

卫星继续围绕木卫二飞行

B

C

寻找生命

在木卫二冰冷的海洋里寻找生命似乎很奇怪。但地球深海也有类似的环境。在其中一些地方，生命的形式相当丰富。一个有趣的例子是**深海热泉**。它位于地球的海洋深处，在那里，热的、富含矿物质的水从海底下面涌出。

在陆地上，生物所使用的大部分能量来自植物。植物则从阳光中获取能量。它们通过光合作用利用阳光制造养料。动物又通过吃植物或其他动物获得能量。这构成了以陆地为基础的**生态系统**。

然而，在深海热泉，没有制造养料的阳光。相反，特殊的细菌（由单细胞组成的简单生物）通过分解富含矿物质的水中的化学物质来获得能量。这种生命方式被称为**化能合成**。其他生物可以利用这些细菌作为食物，支持令人惊讶的丰富的生态系统。

木卫二上会有类似的生命存在吗？为了找出答案，我们要派我们的湿软机器人去探索。但是，当它们找到生命时，它们又如何去识别呢？

富含矿物质的水从深海热泉喷口涌出，像黑色羽毛状的烟雾。深海热泉维系了各种深海生物，包括图中红白相间的管虫。

询问梅森·派克

机器人在这么冷的地方会冻坏吗？

❝ 在去木卫二的路上，只要机器人不动，就没有真正的风险。就像我们在家里把易碎的东西放进冰箱里。只要你不把它拿出来并试图快速移动，它会仍然保持完好无损。**❞**

——派克

派克和他的团队已经识别出大量即使在低温下仍然保持其柔韧性的橡胶材料。而且，一旦机器人到达木卫二的水域，它就会变得温暖。

❝ 我们都知道水在 0℃ 左右会结冰。这在宇宙中的每一个角落都是一样的，所以在木卫二上也是这样。如果有液态水，我们知道它的温度不会比 0℃ 低。**❞**

——派克

探测机器人可能会使用特殊的化学传感器（根据设计能测量酸性水的水温从而识别到任何其他东西的装置）。这些传感器能找到的一样东西就是**蛋白质**。蛋白质是一种特殊的化合物（多种化学物质的混合物），对生命很重要，构成活细胞的大部分结构。称为酶的特殊蛋白质有助于将一种化学物质转化为另一种化学物质。酶在细胞中起着很大的作用。

生命体会制造和使用多种蛋白质。但有些蛋白质是由非生命活动如雷击产生的。因此，仅仅找到蛋白质不一定是存在生命的证据。但是由生命体产生的蛋白质有着一个重要的特征。

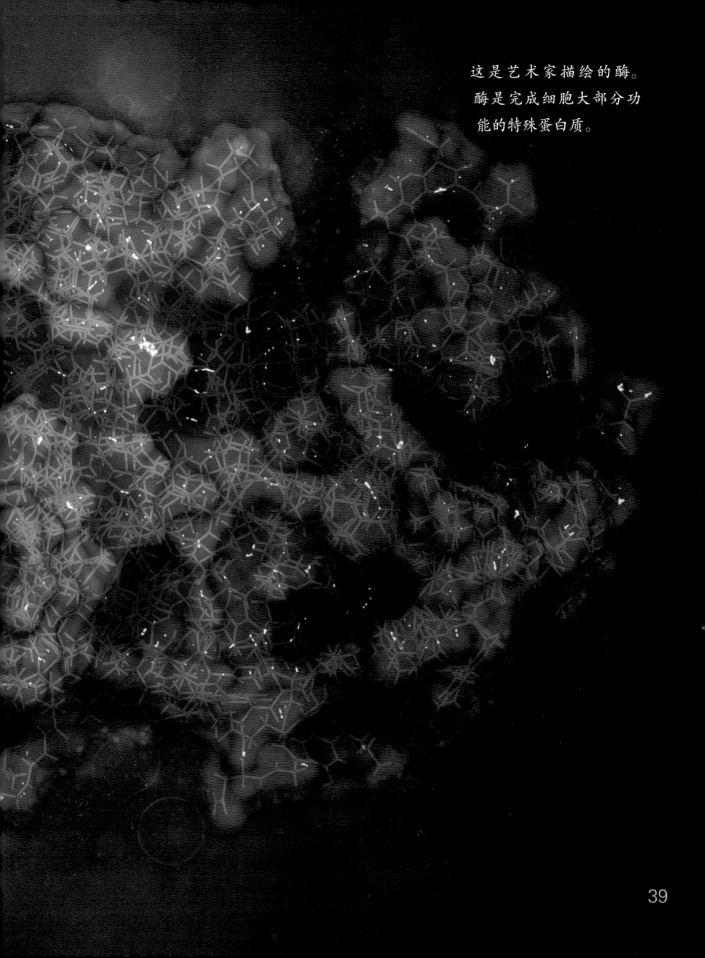

这是艺术家描绘的酶。酶是完成细胞大部分功能的特殊蛋白质。

许多蛋白质有两种不同的形状。这些形状基本上是相同的，但它们面向相反的方向。要理解这到底是怎么回事，请看一下你的右手和左手。每只手都有手掌连接着五个手指。但右手的拇指在一边，而左手的拇指却在另一边。事实上，把蛋白质看作是右手和左手的版本是很有用的。

非生命过程产生蛋白质时，它们会产生两种形式相等的混合。也就是说，右手版和左手版的数量相等。但生命体似乎总是偏爱一种形式而不喜欢另一种形式。因此，如果机器人检测到以右手版为主或以左手版为主的蛋白质的话，它们可能已经发现了外星生命的证据了。

手性
左手和右手基本相同，但排列方向相反。同样，许多蛋白质的形状相同但是方向相反。

询问梅森·派克

能从地球上来控制机器人吗?

> **机器人是自主(自己控制自己)的。**
>
> ——派克

遥控设备通常由无线电信号控制,这种情况下来自地球上的无线控制信号即使以光速传播也要花上几个小时才能到达木星。

> **这种信号延迟导致基本上不可能采用遥控法。想象一下,拿着一个游戏控制器,试着让屏幕上的角色在两个小时后完成你想做的事情。**
>
> ——派克

不仅如此,机器人通过无线电传送的报告也需要同样的时间才能返回地球。

> **所以你要在四个小时后才能看到你控制的结果!**
>
> ——派克

这种"左手版"和"右手版"组态的区别叫作手性。

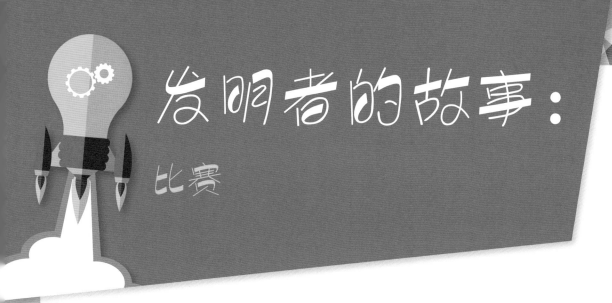

在学校里，一位七年级的老师培养了派克对科学的兴趣。这位老师鼓励派克参加科学博览会的比赛。但有一点：他想确保派克使用的是个原创的方案。

"他坚持要求这个项目是我一个人想出来的。"

—— 派克

派克从当地的一条小溪里采集了水样。他把样品放在不同温度、光照和化学剂的条件下。然后，他通过对每个样本中微生物（只有通过显微镜才能看到的生物）的计数来分析环境对野生动物的影响。

该项目在地方和县科学博览会中获得第一名，并在国家科学博览会中获荣誉奖。但更重要的是，它使派克知道他可以研究任何他感兴趣的东西。

> **" 它让我认识到，我实际上可以做一些真正的科学研究，而不是仅仅跟随别人的想法。"**
>
> —— 派克

比赛焦点： 立方体卫星竞赛

今天，更多的比赛使孩子们能够比以往任何时候都有机会参与科技活动。派克本人就启发了一个在科幻小说博物馆主办的立方体卫星比赛中获胜的团队。立方体卫星是小型人造卫星，设计成以相对便宜的价格大规模发射。派克在纽约州伊萨卡的伊萨卡高中做了一次关于比赛的讲座后，学生们提议造一颗立方体卫星，它可以用一种叫作太阳帆的特殊装置留在环绕地球的轨道上。现在，康奈尔大学的学生们正在建造这种卫星并准备发射。

伊莎贝尔·道森（中间戴紫色头巾者），伊萨卡高中队的队长，与正在建造立方体卫星的康奈尔团队合影。

梅森·派克和他的团队

康奈尔大学电解推进研究小组
后排从左到右：雅各布·哈伯格、亨特·亚当斯、埃米莉·卡梅拉、埃里克斯·王；前排从左到右：菲利普·佩雷拉、梅森·派克、凯尔·道尔、麦克斯·马洛尼；未拍照的有罗布·谢泼德教授

梅森·派克（右）和他的儿子艾丹·派克（右边穿蓝色衬衫者）参加了2016年美国国家航空和航天局在华盛顿特区国会山举办的技术日活动。

词汇表

太阳系 银河系中以太阳为中心的天体系统,包括太阳、八大行星及其卫星和不计其数的其他天体。

卫星 围绕行星旋转的天体。

微生物 非常微小的生物。

氢 （化学符号 H）最简单的原子和最丰富的化学元素。宇宙中百分之九十的原子是氢原子。

氦 （化学符号 He）一种轻的气体和化学元素。氢是唯一比氦轻的元素。

磁场 在磁铁或磁性物体周围形成的磁性影响的无形区域。

引力 所有物体之间由于具有质量而产生的吸引力。由于引力, 一个靠近地球的物体向地球表面坠落。我们因自己的体重而感受到这种力。

潮汐加热 由于附近一个巨大天体的引力引起的拉伸和挤压而使行星内部加热。

天体生物学家 专门寻找外星生命的科学家。

太阳能 从阳光中获得的能量。

核能 由原子核的变化释放出的强大能量。

电磁感应 用变化的磁场在导体中产生电流的过程。

电动能量采集 通过磁场的变化,利用导体（一种传递热、电、光、声音或其他形式能量的物体）来产生电流、收集能量的方法。

软体机器人技术 设计具有用橡胶或塑料制成的柔软运动部件的机器人的技术。

活塞 在管子内紧密吻合的盘状物。它通过诸如电力或蒸汽压力之类的力在管子内来回移动。连杆连接在活塞上, 能够把活塞的运动传到其他机件。

泵 用以增加液体或气体的压力并输送液体或气体的机械。

电解 用电分离化学物质。

仿生学 研究生物特性,设计能像生物一样工作的机器的学科。

着陆器 设计用于在行星、月球或其他天体上着陆的航天器。

深海热泉 从地球海底涌出温暖而富含矿物质的水的地方。只要海底有火山活动,它们就会出现。

生态系统 由生物及其环境组成的系统。生态系统中的生物相互依赖,依靠环境提供它们所需的东西,如食物和住所。

化能合成 生物利用化学物质中的能量制造养料的过程。

蛋白质 一类对生物很重要的化合物（含有不止一种原子的物质）。

更多信息

想了解更多关于木星的知识吗？

Jupiter and the Asteroids. Explore the Solar System. World Book, Inc., 2016.

想了解更多关于如何制造机器人的知识吗？

Ceceri, Kathy. *Making Simple Robots: Exploring Cutting-Edge Robotics with Everyday Stuff*. Maker Media, Inc., 2015.

想知道更多关于能源工程的知识吗？

Nixon, Jonathan. *Energy Engineering and Powering the Future (Engineering in Action)*. Engineering in Action. Crabtree Publishing Company, 2016.

像发明家一样思考

想象一下，你正在设计自己的软体机器人来探索一个遥远的行星。你会以什么动物作为你的探测器的模型？画一张探测器的图片，并解释它将如何移动和进行探索。

致谢

下列机构、个人、公司、图书出版单位为本书提供了照片及其他插图，书中出现的每一幅插图所对应的页码均列在提供单位和个人的前面。

封面	WORLD BOOK illustration by Francis Lea (©Detlev van Ravenswaay, Science Source)
4–5	© Stocktrek Images/Getty Images
6–7	© Dmitry Lobanov, Shutterstock
8–9	NASA/JPL–Caltech/SETI Institute; WORLD BOOK illustration by Rob Wood
10–11	© Detlev van Ravenswaay, Science Source
12–13	© Detlev van Ravenswaay, Science Source
14–15	© Science Source
16	Mason Peck
18–19	© Walt Disney; © Lucasfilm
20–21	Soft Robotics/Robot Magazine; Mason Peck
22	Croak & Dagger/Sisters in Crime
23	Mason Peck; © Lucasfilm
24	© Everett Collection/Alamy; © Warner Bros.
25	© Philippe Hupp, Gamma–Rapho/Getty Images; © Warner Bros.
27	Mason Peck; © Shutterstock
29	© wolfmaster 13/Shutterstock
31	Mason Peck
32–33	NASA
34–35	WORLD BOOK illustration by Francis Lea
36–37	NOAA PMEL EOI
38–39	© molekuul_be/Shutterstock
40–41	© PeopleImages/iStock
42–43	© Tom Fleischman, Cornell Chronicle
44	Mason Peck; NASA

图书在版编目（CIP）数据

鱼形太空探测器 /（美）杰夫·德·拉·罗莎著；
朱卫国译 . —上海：上海辞书出版社，2018. 8
ISBN 978 - 7 - 5326 - 5151 - 1

Ⅰ . ①鱼…　Ⅱ . ①杰…　②朱…　Ⅲ . ①木星探测器
Ⅳ . ① V476. 4

中国版本图书馆 CIP 数据核字（2018）第 155694 号

鱼形太空探测器 yú xíng tài kōng tàn cè qì

〔美〕杰夫·德·拉·罗莎 著　朱卫国 译

责任编辑　周天宏
封面设计　梁业礼

　　　　　　上海世纪出版集团
出版发行　上海辞书出版社（www. cishu. com. cn）
地　　址　上海市陕西北路 457 号（200040）
印　　刷　上海雅昌艺术印刷有限公司
开　　本　890×1240 毫米　1/16
印　　张　3
字　　数　40 000
版　　次　2018 年 8 月第 1 版　2018 年 8 月第 1 次印刷
书　　号　ISBN 978 - 7 - 5326 - 5151 - 1 / V·1
定　　价　25. 00 元

本书如有质量问题，请与承印厂联系。T: 021 - 68798999

OUT OF THIS WORLD
走 出 这 个 世 界

认识美国国家航空和航天局发明家**小野雅治**和他的

小行星追逐者
ASTEROID-HARPOONING HITCHER

[美] 杰夫·德·拉·罗莎 著

吴 慧 译

上海辞书出版社

目　录

词汇表　第45页为术语词汇表。词汇表中的术语在正文中第一次出现时为粗体。

引言

航天器去向遥远的行星或月球，甚或其他星球，对人类而言任务艰巨，但更大的挑战是当航天器接近星球时怎样让它停下来。对飞速行驶的汽车而言，你可以轻而易举地踩刹车，当轮胎停止转动，地面的摩擦力能让车辆停下来。但是空中可没有马路，也没有其他可依靠的东西。

科学家很清楚，相对而言，当航天器接近大星球时，让它减速还是比较容易的。想象一下，我们要发射一个空间**探测器**去木星。从地球到木星，漫漫长途，探测器高速飞行。接近木星时，它会受到木星巨大引力的吸引。飞行器的引擎在短时间内及时点火，以保证探测器进入**轨道**。由此探测器能够实现数月甚至数年的绕木星运转，完成观测和实验任务。

但是，我们再来想象一下，如果探测器是飞往一个比木星要小得多得多的**小行星**，情况将会怎样？为了到达小行星，探测器必定仍然以高速飞行。但是小行星的质量远远小于木星，它的**引力**也远远小于木星。弱引力的作用下，改变飞行器的飞行方向以及让其绕小行星运转，就会困难得多。探测器对小行星的观测，更多只能是**飞掠**而过时留下的一些图像资料。但这需要探测器的引擎长时间处于发动状态，否则很难确保自身航向的准确。

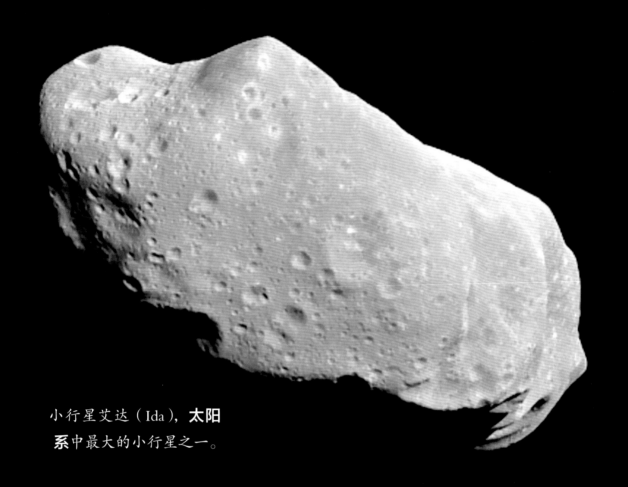

小行星艾达（Ida），**太阳系**中最大的小行星之一。

美国国家航空和航天局的工程师小野雅治在考虑向小行星或更小的类似星体发射探测器，他试图让探测器停留在小行星边上以收集资料而不是由它呼啸而过。在小野的设想中，他的探测器是不依靠星体的引力牵引进入飞行轨道的。相反，当飞行器接近目标时，它将向小行星发射具备类似长距离"拴绳"的"抓捕叉"的装置。通过发射进小行星的抓捕叉，探测器由"拴绳"牵制一段距离，以大幅度降低自身的飞行速度，最终，探测器逐步收起"拴绳"，让自己降落。

这个设想听起来非常简单，但是具体把速度和力考虑进去，就不简单了。抓捕叉和栓绳也需要用最坚韧的材料制作。同时，还需要新技术来无损伤地为飞行器降速。

极具挑战吧?！——困难和意义总是等价的。我们身处的太阳系中有成千上万的小行星、彗星和其他小天体。这些天体是太阳、行星及其卫星形成过程中留下的"碎屑"。叉捕这些碎屑来深入研究，小野的"追逐小行星"计划或许能帮助我们回答太阳系起源的重要问题。

鱼叉在 19 世纪的捕鲸产业中被广泛运用。

美国国家航空和航天局
创新先进概念计划

"走出这个世界"系列丛书的主题，聚焦那些从美国国家航空和航天局成立的组织中获得大量拨款的项目。美国国家航空和航天局创新先进概念计划（NIAC）为致力于在空间技术中进行大胆创新研发的团队提供资金支持。你可以访问NIAC 的网站 www.nasa.gov/niac 获取更多资讯。

认识小野雅治

❝你好，我是小野雅治，我是美国国家航空和航天局在加州帕萨迪纳的喷气推进实验室的工程师。我是年轻的背包客，爱周游世界，在不同的目的地之间探寻自己的旅途。而现在，我正致力于建造一种探测器，在去向目的地小行星的旅途中，它将探寻自己的航向。❞

7

太阳系里的残留物质

科学家认为我们的太阳系形成于几十亿年前。起初它是太空中由气体和灰尘组成的巨大星云。后来在某一时候，部分星云在重力作用下开始塌缩。塌缩过程中，星云也转动得越来越快。

星云中的大部分物质聚集起来，形成了太阳的组成物质。剩下的部分继续绕太阳旋转。当星云旋转的时候，颗粒互相碰撞、结合，形成的块状物体就是**微行星**。许多微行星体又相互碰撞、黏附，形成更大一些的物质，如此重复，形成了太阳系的行星和卫星。

但总有些物质没有被行星或卫星吸收过去。它们有一些没能积聚得更大，也有一些互相碰撞后碎裂成小块。这些小块，就是我们所说的行星形成过程中的"残留物质"。

残留物质中的一个主要大类就是小行星。在太阳系中可能有数百万小行星。绝大部分小行星围绕着太阳，处于火星和木星轨道之间。这一区域称为小行星带。

我们所发现的另一个有许多残留物质的区域是**柯伊伯带**，它位于外太阳系。

在海王星轨道的外面，在那里发现的残留物质称为柯伊伯带天体。
这些星体某种程度上与小行星类似，但它们是冰冷的，比岩石还坚固。
冥王星——这颗矮行星就是柯伊伯带里最有名的成员。

有不少小行星和**柯伊伯带天体**的体积相对较大，足以让它们跻身矮行星之列。但它们中绝大部分其实体积很小，也相距甚远。

为什么研究残留物质？

科学家对诸如小行星、柯伊伯带天体的残留物质充满兴趣，部分原因是这些物质带来了太阳系早期的信息。

怎么来理解呢？考虑一下微行星碰撞形成地球的情景。当碰撞产生的巨大热量融化了正在形成中的地球。由于重力的作用，熔岩分离成层。越是重的物质就越向地球中心沉落，而轻的物质则上升到表面并最终冷却。几亿年的时间里，火山喷发及其他地质活动不断改变着地表岩石。地表岩石经历着风化、碎裂，以及重组。

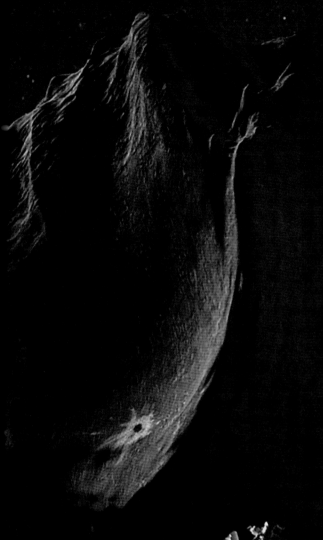

久而久之，地球的岩石发生了巨大的变化，同时它能传递的来自早期太阳系的信息就微乎其微了。然而，小行星和柯伊伯带天体却在冰冷而没有大气的宇宙空间至少待了5亿年。从这个意义上，它们几乎保持着原样，静候着航天任务的分析。

2019年新地平线号探测器将路过一颗小柯伊伯带天体。

发明者的故事：
我是一个旅行者

小野先生对探险怀着浓厚的兴趣。在确定小行星的研究方向很久之前，他像是个地表的大航海家一样走遍了世界各地。

> **"** 我是个背包客。我相信自己仍然是个背包客。我喜欢去陌生的地方。**"**

——小野

小野到过三十多个国家，他到过印度，也到过中国。他去过好几个洲，包括非洲和南美洲。

> **"** 旅行的快乐，一部分来自发现新鲜的事物，见到日常生活中无法遇到的一些人。每个国家都有属于自己的色彩和味道。**"**

——小野

去到陌生的世界，小野甚至很享受旅行中的这一挑战。他喜欢去那些难以到达的地方。

> 在美国和世界的其他许多地方，你都可以通过互联网的搜索功能计划好详细的路线，跟着路线图和时间表照做就行。但我喜欢去那些只有当地人才知道的地方，一边向他们问东问西，问有哪些好玩的。很可能除了几个常用的单词外，你根本不懂他们的语言，需要打着手势比划着跟他们交流，但是这多带劲啊！

——小野

艰苦的旅行当然会遇到麻烦。有一次在冈比亚，小野先是伤了腿，接着钱全被偷了，缝针的时候因为没有麻药用只好忍着巨痛。

某次在尼加拉瓜的徒步旅行中，小野和他遇到的孩子们在一起。

> 这经历挺艰苦的，但还不赖。旅行和空间探索的本质精神是相同的。探索未知世界，面对各种问题，然后去克服它们。我非常喜欢。

——小野

拜访小行星

19 世纪初，天文学家首次通过望远镜发现了小行星。但直到 20 世纪 90 年代，人类才第一次看到小行星的特写照片。

美国空间探测器伽利略号在飞向木星的途中，于 1991 年和 1993 年分别飞掠小行星加斯普拉（小行星 951 号）和艾达（小行星 243 号）。伽利略号从艾达边上经过时，探测器的飞行速度是 12.4 千米 / 秒。

❝ 这个速度的概念就是，好比从圣弗朗西斯科到加利福尼亚洛杉矶，大约 610 千米的距离，只需要大约 1 分钟。**❞**
——小野

高速的运行，只允许伽利略号在掠过小行星时估算下其数量并拍下一些图像资料。照片显示艾达有一颗很小的卫星，后来被命名为达克堤利。

❝ 好比第一次造访陌生的城市，你坐在火车里，火车呼啸而过，但是没有停站，你在飞驰的列车上，望着窗外。你能看到多少城市的样貌呢？为了了解得更多，你需要住下来，在那里过夜，去城里游走。当然，这样一来花销也是巨大的。**❞**
——小野

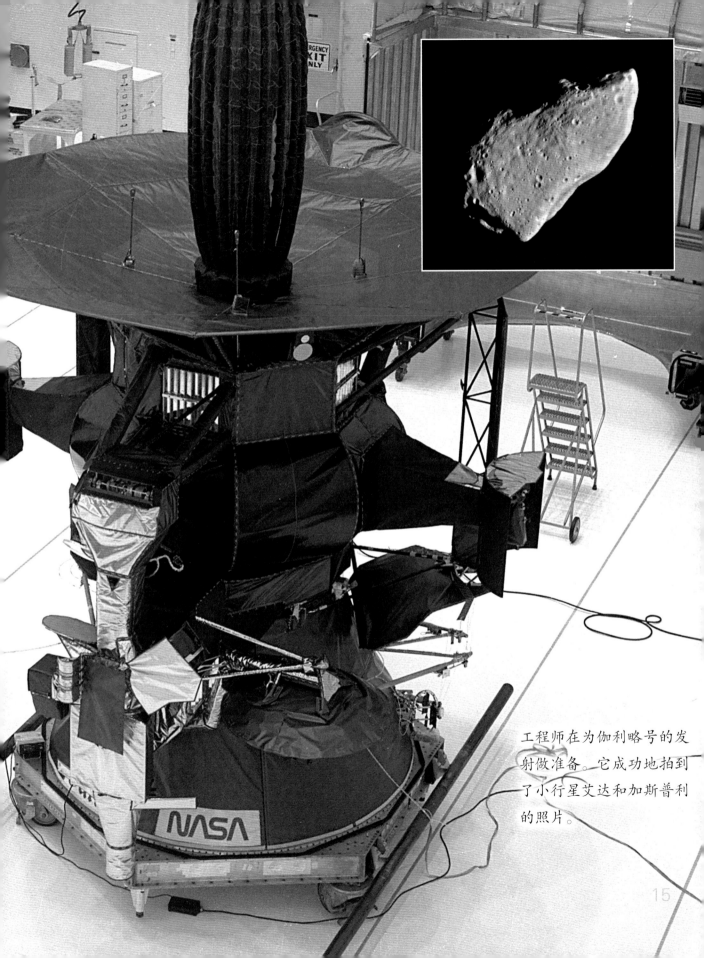

工程师在为伽利略号的发射做准备。它成功地拍到了小行星艾达和加斯普利的照片。

顺路的拜访

对空间探测器而言，即便是顺路的拜访，如果想要停留得久一点，它需要进入目标物外的飞行轨道。探测器需要依靠目标物的引力来进入绕行轨道。在引力的牵引下，飞船进入环绕在目标物外的轨道。探测器可以在轨道上绕着目标物一圈一圈地飞行，进行深入的观测。飞行器也能从轨道上尝试着陆在目标物上。

探测器是否能进入轨道，部分取决于相对速度。相对速度是两个物体之间运动速度的差别，比如空间探测器和它的目标物。在这里相对速度可以理解为探测器在接近目标物时的速度。

空间探索总体而言意味着远距离的飞行。比如伽利略号，飞行了数百万千米去向目的地木星。空间飞行器需要在合理的时间里高速长距离地飞行。记着，像伽利略号掠过小行星艾达时的相对速度是12.4 千米／秒。因为飞行器的速度很快，它们需要大幅度降速才能进入轨道。

探测器需要把飞行速度降到何种程度，取决于目标物体的引力大小。物体的质量越大，其引力也越大。像木星这样一颗大行星，它的引力是强大的。这同时也方便了快速运行的探测器进入绕木星轨道。

但是小行星的引力要小得多，这就决定了探测器必须极大幅度地减速才能进入轨道。

> **"** 与进入绕行星轨道相比，进入绕小行星轨道要求探测器在空中刹车很多很多次。在列车上，你可以拉刹车闸来停车，但在空中，要靠刹车的话，那操作的可是火箭发动机。**"**
>
> ——小野

火箭发射需要燃料，它们很重，极昂贵。要"停"在一颗小行星（它正在绕太阳高速运转）上所需燃料的量是巨大的，这使得探索一颗小行星变得困难而代价昂贵。

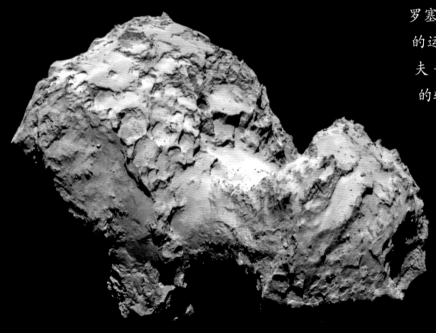

罗塞塔号空间飞行器需要强大的运载火箭将其送入绕丘留莫夫 – 格拉西缅科（彗星 67 号）的轨道。

抓捕一颗小行星

小野考虑过，也许空间探测器可以不依靠引力来停下。他曾听新闻播报，讲述一架去向彗星的探测器的航行。新闻描述了探测器为了降低相对速度而遇到的困难和长期的努力。

> **"** 我常在想，为什么让探测器停下来会那么难？你不是正掠过那颗彗星吗，扔根绳子去抓它就可以了啊！**"**
> ——小野

这个瞬间的念头引发了一个想法，这个想法可以改变人们探索外太空的方法。小野开始想象用配备了抓捕叉和拴绳的飞行器在路过彗星时抓捕彗星。他把这台飞行器称为"彗星猎手"。

> **"** 结果，我研究下来，最佳方案是进入绕小行星的轨道并着陆，而不是彗星。所以我们的目标发生了变化。**"**
> ——小野

小野意识到建造一架抓捕小行星的飞行器将面临几项主要的挑战。最大的一项是如何打造足够牢固的拴绳，使之能够在相对速度为 10 千米 / 秒的条件下承受大到无法想象的牵制力。

速度是相对的！

为什么我们总是在这里说"相对速度"而不是"速度"呢？事实上，所有对速度的测量都是相对的，哪怕不是出于我们的本意。在地球上，我们考虑物体的运动速度时，是以地球表面的情况来比较的。比如，限速标志是对车辆控制行驶速度的警示。很好理解，限速标志限制的是车辆相对于地面的速度而不是相对于其他行驶中的车辆的速度，也不是相对于太阳或者地球。

但是这个讲法在地表上行得通，空间飞行器在太阳系中飞行时并不总能找到这样方便的参照物。所以，科学家可能按照太阳来定义飞船的相对速度，或者按照飞船的目的地、运行的轨道来定义，而不是它相对于地球的飞行速度。

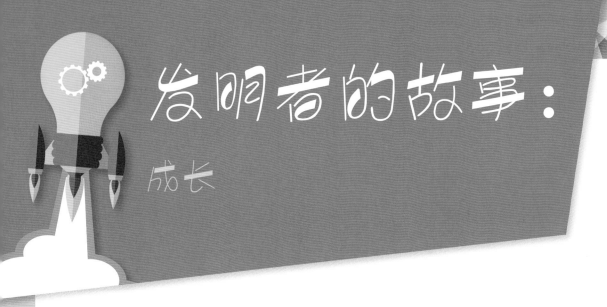

发明者的故事：

成长

小野在日本的东京长大，从记事起就对科技有着兴趣。

> 66 日本有一份叫《牛顿》的杂志，有点像美国的《国家地理》。它刊载的文章都是面向大众的科学故事，非常有意思。99
>
> ——小野

回想起看杂志、看电视台的《牛顿》教育节目，小野仍很开心。小野和身为光学工程师（光学工程师研究并开发透镜、显微镜、望远镜等）的父亲不仅都喜欢《牛顿》，他们还经常讨论里面的内容。

> 66 对我影响最大的人是父亲。他虽然不是教师，但他是个好老师。每当我问'为什么？'他总能很好地用直观的方法给我解答。99
>
> ——小野

小野对旅行者 2 号空间探测器在 1989 年经过海王星的航程记忆犹新。

> 66 这么振奋的事情怎么可能让人无感！旅行者号飞得实在是太远了。我爸给我打过这个比方：如果地球是粒弹珠，那么海王星可能在 5 千米之外。5 千米对一个孩子来说，已经是够远的距离了，学校或者我所有朋友的家都没有那么遥远。我听傻了，人类居然可以把自己小小的空间飞行器精准地发射到那么远的地方。99
>
> ——小野

电视台的工作人员正在准备旅行者 2 号飞掠海王星的直播。

大创意：

拴绳

拴绳，基本上是一条连接着两个物体的长绳子。这主意听上去实在太简单，但是拴绳在空间探索中拥有巨大的潜能。拴绳可以把太空行走的宇航员系在他们的飞船上，也可以把两艘飞行器连起来。拴绳还可以用来把人造卫星拖进或拖出不同的轨道。

> " 设计拴绳最容易想到的挑战就是它的强度。"
>
> ——小野

许多空间项目对拴绳的要求是长、牢。目前为止，用到的最牢的拴绳由高科技材料柴隆纤维（zylon）制成。柴隆是一种合成聚合物。聚合物是长链分子，它们是由更小的被称为单体的化学单位组成。链结构和相邻链之间的相互作用，保证了聚合物，比如柴隆的强度和柔韧度。

柴隆拴绳的强度大约是普通绳索的 20 倍。即便如此，要想拉住一个运动中的小行星，它的强度可能仍是不够的。

> " 用柴隆拴绳，以 1 千米／秒的相对速度去连住小行星是没有问题的当相对速度升高到 2 千米／秒时，则会有困难；而当前技术无法支持

4 千米／秒的相对速度。我们期望的相对速度是 10 千米／秒，在此条件下，拴绳的制作材料的强度至少得是柴隆的 20 倍。**"**

——小野

为了达到这样的强度，小野需要使用我们所知的地球上最强韧的纤维之一：碳纳米管。碳纳米管是管状结构，由碳原子构成，管的直径在几个纳米（一米的十亿分之一）左右。

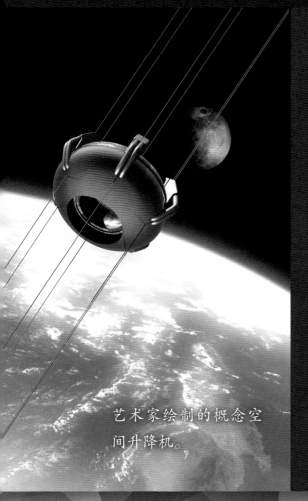

艺术家绘制的概念空间升降机。

空间升降机

拴绳技术还在一种人类雄心勃勃的宇宙探索技术中扮演重要角色，这种技术称为"空间升降机"，目前还处于构想阶段。空间升降机的组成，需要一条极长的拴绳。它一头连接地表，一头通向轨道上的平衡物。机械化的升降机箱可以搭载空间飞行器攀上拴绳，去向太空。空间升降机或许可以减少火箭的发射，让送飞行器进入太空变得容易很多。

大创意：
碳纳米管

碳纳米管为什么那么坚固？我们可以试想一下由碳元素构成的另一种物质——**钻石**，它是地球上在自然环境中形成的最坚硬物质。之所以坚硬，与它内部的结构有关。

钻石由碳原子构成，是碳单质。一个碳原子有四个化学键与其他碳原子相连。在钻石内部，每个碳原子都与其相邻的四个碳原子相连，呈晶格状。所以，钻石几乎可说是一个巨大的互连碳**分子**。

碳纳米管也像一个巨大的碳分子，内中的每个原子与相邻的若干原子相连。同时，碳原子形成了很长的窄管，比晶格更甚，这种形式让分子在保留钻石的坚硬度时还能更柔韧。

为了达到需要的长度和强度，科学家需要想出把单条碳纳米管纤维编织成绳的新办法。

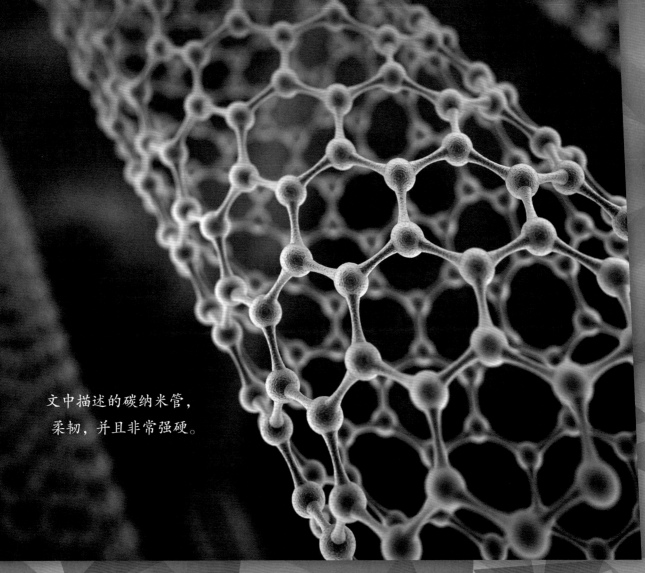

> 碳纳米管的强度足以拖拽小行星。已经有一些纤维能够达到这样的强度，但它们还只有 10 厘米长。拖拽小行星用的栓绳，长度需要达到 100 千米到 1000 千米。

———小野

文中描述的碳纳米管，柔韧，并且非常强硬。

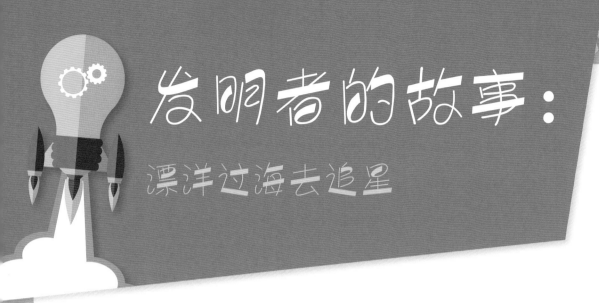

发明者的故事：
漂洋过海去追星

2005 年，小野雅治从日本来到美国麻省理工学院，这所学院以其科技项目闻名全球，坐落在波士顿城外的剑桥镇上。接受过系统的专业学习，来到麻省理工的小野满怀信心。但语言带来的障碍也曾让他在课堂内外陷入孤立，为此小野在语言上着实下了一番功夫。

> 第一个学期，我修了一门卫星工程，课上学生们要分组来完成航空器的设计。虽然我的英语在日本学生中处于中上水平，但一和美国学生在一起工作，我就懵了。我很难靠蹩脚的英语在团队中表达清楚自己的想法，不耐烦的组员们也经常打断我结结巴巴的表述。

——小野

小野努力着，为小组的项目尽其所能，他还交了一个指
导他英语的朋友。他最终得到了教授的认可，得到了研
究基金以继续他的学业。

小野在麻省理工学院
的校园。

> 后来我才明白，最初在麻省理工的那些日子里，我心里装着的并不是真正的自信。我只是期盼着成功，因为在日本学习的时候自己是成功的。我的自信很像气球里的气，气球一被戳破气就跑了。真正的自信是强大和持久的，它是一面墙。专业能力、信任，还有友谊，它们就像是不同的砖头，这面自信的墙，是用它们一块一块砌起来的。

——小野

小野的梦想最终着落在了美国国家航空和航天局的喷气推进实验室，而旅行者 2 号空间探测器也正是在这里诞生的，当然，那时候的小野还是个孩子。

66 科学和技术提供了你一个职业生涯的承诺，贴在每个人身上的标签是'你是谁'，而不是'你从哪里来'。在喷气推进实验室里，没有种族、门第、宗教之分，工程师来自全球各个地方。99

——小野

小野曾用母语写过一篇回忆自己的奋斗和成功的文章，标题翻译过来就是《漂洋过海去追星》。

小野和好奇号火星探测器（复制品）。

昂贵的 "抓捕叉"

拴绳并不是追捕小行星的飞行器上唯一需要用强韧材料打造的部件，抓捕叉部分也是，它需要承受高速冲击。

> 66 模拟实验表明迎面而来的速度确实决定了部件所需要的强度。当相对速度是 1.5 千米／秒时，使用常规的金属材料来制作抓捕叉，比如用钨，是可以叉捕住小行星的，这毫无问题。99
>
> ——小野

当空间探测器飞行时，抓捕叉以相同的相对速度击中目标。小野的抓捕计划中，目标速度是 10 千米／秒。

> 66 这个速度比我们已有的加农炮炮弹的发射速度要快得多。如果你用常规金属打造抓捕叉，那么一但发射它很可能立刻碎裂。99
>
> ——小野

要是想做到以我们的理想速度叉住目标，那这柄抓捕叉就必须用我们所知的最坚固的材料——金刚石来锻造。

> 66 以那样的速度，即使是金刚石的质地，剧烈的碰撞也会分解抓捕叉大约 30% 的材料。99
>
> ——小野

金刚石／钻石（右图）是现在已知的最坚固的材料。正因为它的强度，金刚石在工业切割和打磨（下图）上运用广泛。

31

把绳子甩出去

❝ 你被绳子拖着，紧紧地抓着绳子。只要绳子不断，你就能停下。**❞**

——小野

抓捕小行星是件大事。即使拥有想象中最牢固的拴绳，小野的飞行器也不能在颠簸中骤停。因为突然的急停会使拴绳断裂，也会损坏飞行器。同时，又捕小行星的飞行器还必须释放出拴绳。

想象一下渔夫刚钓上一条大鱼时的情景。鱼一咬钩，就试图游脱。渔夫不是猛收钓线的，因为一旦这么干，线会绷断，鱼就收不上来了。这时候渔夫反而会再放一点线出来，不让钓线绷得太紧，然后一点点收钓竿。钓竿的拉力最后让鱼平静了下来，渔夫收上钓竿，心满意得。

与垂钓很相似，小野的探测器也是慢慢地放出拴绳。释放过程中，探测器也需要制动力，把相对速度平缓地降到零。然后，探测器和小行星将以相同的速度运动，使之能最终直接降落在小行星上。

制动

小行星抓捕装置释放出的拴绳长度可能达 100 千米至 1000 千米。即便如此，仍需要巨大的制动力来把相对速度降到零。

装置中有一个部件具有动能。根据物理学定律，能量既不能凭空产生也不会凭空消失，它总是从一种形式转化为另一种形式。

还记得地球上的铁路列车吗？运动的火车能够靠刹车停下。制动使刹车片让轮胎产生阻力。阻力使列车的动能转变为热。列车减速，这时候热被传递到空气中，或者通过制冷系统降温。

在相对速度达到 10 千米／秒时,我们的小行星抓捕装置积聚了大量动能。飞行器放出拴绳的时候，它能通过制动来减速，但由此产生的热量将是巨大的。

> 过程中产生的热量是我们面对的大问题。我们不得不想办法去寻找能够承受如此高温的材料。我们还需要更有效的方式来转移热能。
>
> ——小野

但是等等，所有的空间飞行器都需要能量啊！小野在考虑，也许我们可以利用那些热能而不是要去想尽办法去消除它。

大创意：
回馈制动

> ❝刹车时，通常是将动能转换为热能，可是接下来我们为什么不去使用这些能量而是想办法处理掉它呢？❞
>
> ——小野

这不是一个完全的未来主义的念头。实际上这一策略已在混合动力汽车中广泛使用。电池和汽油在混合动力汽车中同时被作为能源。设计这个车型的目的在于提高能源的利用率。混合动力通过回馈制动的过程来达到这一目的。

不再通过刹车片来制动旋转的车轮，车轮实际上和发电机相连。车轮带动电机，产生电能。汽车减速时，动能转换为电。产生的能量则为车载电池充电。

> **" 所以当汽车停下的过程中产生了电能，它又提供给汽车启动的时候使用。"**
>
> ——小野

同样，小行星抓捕装置也可以使用拴绳被释放出去时产生的动能给发电机蓄能。将这些能量转变为电能，也能反过来让飞行器减速。

> **" 它还有助于减少热量。"**
>
> ——小野

所产生的电还能为探测器的科学装置提供能量。比如逐步收回拴绳，又比如让探测器能在小行星上软着陆。

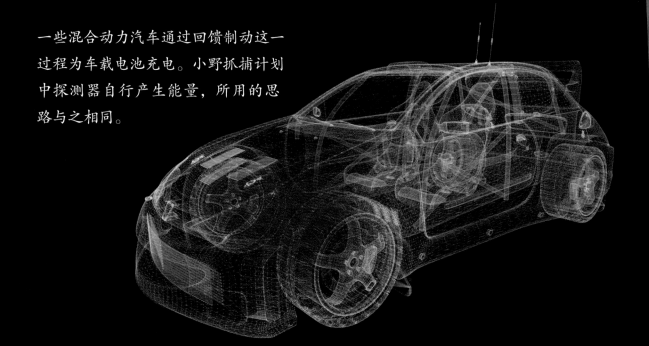

一些混合动力汽车通过回馈制动这一过程为车载电池充电。小野抓捕计划中探测器自行产生能量，所用的思路与之相同。

远离太阳

通过回馈制动来产生电能，这样的做法为抓捕小行星、探索
外太阳系打开了新的局面。

> 在内太阳系，比如在小行星带，空间飞行器可以使用太阳
> 能电池（通过太阳能生成电的装置）。但在外太阳系，比如
> 在柯伊伯带，那里距离太阳远得无法得到多少太阳能。
>
> ——小野

过去，外太阳系飞行器有时依靠核能，通过放射性物质的衰
变得到能量。但核能的工作系统体量重且昂贵，不如回馈制动。

使小行星抓捕计划成为外太阳系探索十分理想的准备工程，
有两方面因素。一是柯伊伯带上大多数小行星都非常非常小，
它们不具备足够的引力，因此要寻找传统意义上的绕行轨道
就很难。其次，空间飞行器必须在合理的时间内以极快的速
度到达外太阳系。2006 年发射的新地平线号探测器是有史以
来飞行速度最快的探测器之一，它用了将近 10 年时间抵达冥
王星。当新地平线号飞掠冥王星时，它的相对速度达到了 10
千米／秒。

新地平线号飞掠而过时拍摄下的冥王星图片资料。

地球列车在外太阳系

工程师们仍努力寻求材料和技术上的突破，以求早日制造出小行星抓捕
　设备。

　但小野已经能预见到未来探测器的样子。

　在地球上发射后，小行星抓捕器将大致花费十年时间到达柯伊伯带。当相
　对速度达到10千米／秒时，飞行器会放出抓捕叉。

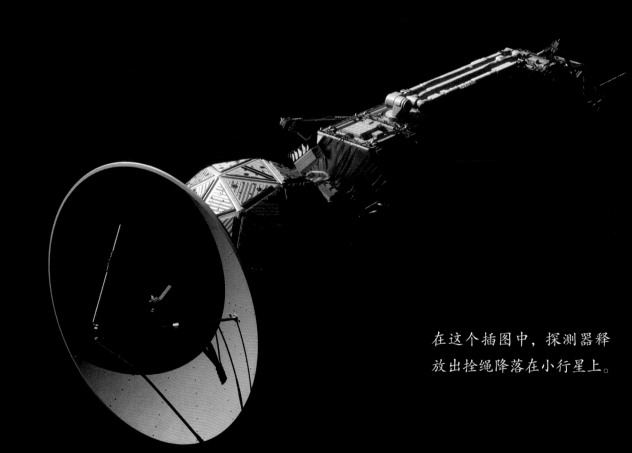

在这个插图中，探测器释
放出拴绳降落在小行星上。

> **"** 这就像是地球上站站停的列车。在单次任务中，你能探索许多小行星或者柯伊伯带天体。**"**
>
> ——小野

当抓捕叉被投射进目标物体，探测器就开始释放拴绳。随着拴绳的释放，飞行器将使用回馈制动来降低它飞行的相对速度，同时蓄积生成的电能。当相对速度趋向零时，飞行器将通过使用这部分能量来让自己着陆在柯伊伯带天体上。

小行星抓捕设备可以在那里用特殊的摄影装置、机器臂以及其他科学仪器探测周围情况。探测器完成所有工作后，它最后的任务就来了——它将再次起飞。

再次起飞

" 然后就是和着陆相反的过程，通过收回抓捕叉
来起飞。"

——小野

还记得拔河时，拔河绳那端的对手跟你开玩笑突然
松手时的情形吗？当绳子两头的你们势均力敌时，
拔河绳一动不动，因为双方的力量是平衡的。绳子
那头的选手突然松手，力就突然不平衡了，或者说
受到的牵拽力改变了。这瞬间的不平衡，立刻让你
向后倒地不起。

同样的，小行星抓捕设备可以简单地通过收起抓捕
叉来起飞。抓捕叉的拉力一旦减弱，飞行器就会被
推向反方向——起飞并飞离着陆点。抓捕叉带来的
推力可能并不大，但请记住，飞行器所着陆的那个
天体只有微弱的引力。

飞离了目标天体，小行星抓捕装置又将继续下一次
的着陆，在柯伊伯带天体上，通过拴绳再一次着陆。
用这个方法，飞行器可以在目标之间穿行，这将大
大促进我们对太阳系及其起源的了解。

发明者的故事：

冰火山探险项目

发明家通常会同时致力于不同的创想，小野就是如此，他的冰火山探险项目得到了美国国家航空和航天局创新先进概念计划的认可。冰火山就像火山一样，只不过它由冰块构成，它喷发或者说释放的物质是水和冰而不是火山岩浆或岩石。小野在设计造访冰火山，它位于带外行星的卫星上。飞行器将在冰火山附近着陆并释放一个探测器进入冰火山。

艺术家设想的
冰火山。

小野雅治和他的团队

从左至右：马尔科·夸德雷利、陈婉燕（读音）、格雷戈里·兰托尼、保罗·贝克斯、小野雅治。

词汇表

探测器　探测宇宙深处物体的航天器，如宇宙飞船、太空探测器。

轨道　空间中围绕天体运行的封闭回路。

小行星　体积远小于普通行星绕日旋转的行星，为岩石或金属质地。

引力　一个物体施于另一个物体的引力，其存在取决于物体的质量。

飞掠　空间飞行器飞行中经过空间天体，本身并不停留。

太阳系　太阳和绕其公转的天体，如行星（包括地球）及其卫星。

拴绳　在空间中用于连接两个物体的长绳索，非常强韧。

微行星　在太阳系中，小天体相互碰撞并结合，从而形成行的较大物体。

柯伊伯带　存在于外太阳系中的一个区域，该区域充满了冰封物质，其边界起于海王星轨道外侧。又称"艾吉沃斯－柯伊伯带"或"海外天体盘"。爱尔兰科学家肯尼思·E. 埃奇沃思在 1943 年曾预测它的存在。1951 年美裔荷兰天文学家赫拉德·P. 凯珀进一步对它进行了描述。

柯伊伯带天体　在柯伊伯带上发现的所有天体。

分子　构成物质的最基本单位之一。物质保持其化学性质的可分割的最小单位。

更多信息

想知道更多有关钻石的内容吗?

Hubbard, Judith. *What Are Diamonds, and How Do They Form?* Depth Science. CreateSpace Independent Publishing, 2016.

想体验轨道和物体的关系吗?

请下载 APP: *Orbit–Playing with Gravity*. HIGHEY Games, 2016.（可以购买去广告版。）

想了解更多新地平线号探测器的冥王星之旅和柯伊伯带吗?

Carson, Mary Kay and Tom Uhlman. *Mission to Pluto: The First Visit to an Ice Dwarf and the Kuiper Belt*. Scientists in the Field. HMH Books for Young Readers, 2017.

像发明家一样思考

想象一下小行星抓捕设备上的那条长长的拴绳。你能设想一下在空间或在我们的地球上，这条绳索还有什么别的用处吗？

致谢

下列机构、个人、公司、图书出版单位为本书提供了照片及其他插图，书中出现的每一幅插图所对应的页码均列在提供单位和个人的前面。

封面	© Cornelius Dämmrich
5	NASA/JPL
6–7	Peter the Whaler, colour lithograph by James Edwin McConnell; Private Collection (© Look and Learn/Bridgeman Images)
8–9	NASA/JPL–Caltech/T. Pyle (SSC)
10–11	Johns Hopkins University Applied Physics Laboratory/Southwest Research Institute (JHUAPL/SwRI)
13	Hiro Ono
14–15	NASA
17	ESA/Rosetta/MPS for OSIRIS Team MPS/UPD/LAM/IAA/SSO/INTA/UPM/DASP/IDA
18–19	© Cornelius Dämmrich
21	NASA/JPL–Caltech
23	© Science Photo Library/SuperStock
25	© enot–poloskun/iStockphoto
27	Hiro Ono
29	Hiro Ono
31	© Matteo Chinellato, ChinellatoPhoto/Exactostock/SuperStock; © David Tadevosian, Shutterstock
32–33	© genesisgraphics/iStockphoto
34–35	© Ortodox/Shutterstock
37	© devrimerdogan/Shutterstock
38–39	NASA/Johns Hopkins University Applied Physics Laboratory/Southwest Research Institute
40–41	© Cornelius Dämmrich
42	© Stocksnapper/Shutterstock
43	© Walter Myers, Science Source
44	Hiro Ono

图书在版编目（CIP）数据

小行星追逐者 /（美）杰夫·德·拉·罗莎著；吴
慧译. —上海：上海辞书出版社，2018.8
ISBN 978 – 7 – 5326 – 5156 – 6

Ⅰ. ①小… Ⅱ. ①杰… ②吴… Ⅲ. ①小行星 — 普及
读物 Ⅳ. ① P185.7 – 49

中国版本图书馆 CIP 数据核字（2018）第 158093 号

小行星追逐者 xiǎo xíng xīng zhuī zhú zhě

〔美〕杰夫·德·拉·罗莎 著 吴 慧 译

责任编辑 董 放
封面设计 梁业礼

出版发行 上海世纪出版集团
上海辞书出版社（www.cishu.com.cn）
地 址 上海市陕西北路 457 号（200040）
印 刷 上海雅昌艺术印刷有限公司
开 本 890×1240 毫米 1/16
印 张 3
字 数 40 000
版 次 2018 年 8 月第 1 版 2018 年 8 月第 1 次印刷
书 号 ISBN 978 – 7 – 5326 – 5156 – 6/P·17
定 价 25.00 元

本书如有质量问题，请与承印厂联系。T: 021 – 68798999

OUT OF THIS WORLD
走 出 这 个 世 界

认识美国国家航空和航天局发明家**菲利普·鲁宾**和他的

激光动力飞船
LASER-SAILING STARSHIPS

[美] 杰夫·德·拉·罗莎 著

彭哲悦 译

上海辞书出版社

目　录

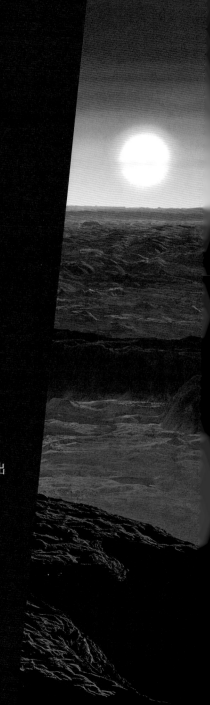

词汇表　第45页为术语词汇表。词汇表中的术语在正文中第一次出现时为粗体。

引言

你有没有曾经仰望夜空并幻想造访一个遥远的星球？要多久才能够到达那里呢？比如说在北方夜空中最亮的大角星。大角星要比我们的恒星太阳大许多倍并且它的亮度约是太阳的 100 倍。但大角星离我们太远，以至于它显得像一个小小的光点。

大角星是在右边被圈出的明亮的恒星。因为它离地球太远了，我们看见的只是一个微小的光点，即使它要比太阳更大更亮。

当我们仰望夜空时，会看见大角星好像跟随着一组恒星或一个星座，即跟随着北斗七星或大熊座。大角星的西名 Arcturus 源于古希腊语，意为熊的守卫者。

光比任何物体都传播得快，似乎能在一瞬间走过很长的距离。光在真空中的传播速度约为 299,792 千米/秒。我们把这个速度叫作**光速**。然而大角星离地球太远，以至于光要用 37 年的时间才能从那里到达地球！另一方面，目前人类拥有的最快的宇宙飞船的飞行速度仅为光速的一小部分。宇宙飞船按这样的慢速前行着，会花费几千年的时间才能抵达离我们最近的恒星——比邻星。

巨大的**星际**距离好似使恒星存在于一个人类遥不可及的地方。但物理学家菲利普·鲁宾认为他知道如何缩短这段旅程。（物理学家是研究物质——组成所有物体的材料——和能量的科学家。）有两个要素限制了宇宙飞船能够**加速**到的速度。第一是宇宙飞船的**质量**，第二是它所能被推动的速度。

传统的空间**探测器**接近于汽车大小。而鲁宾想要创造的探测器要比这小得多——小到能够装进你的口袋里。但真正的问题在于你如何推动它。一般火箭的速度对于跨越地球与恒星间浩瀚的距离来说太慢了。为了达到必要的速度，口袋大小的探测器会利用光本身，以一种特殊的航行方式搭乘**激光**的便车。

鲁宾估计这样以激光动力航行的恒星探索者能够加速到光速的三分之一左右。如果成功，它们也许能够在 20 年之内到达比邻星，从而成为第一个造访附近**恒星系统**的访客。

美国国家航空和航天局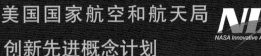
创新先进概念计划

"走出这个世界" 系列丛书聚焦那些从美国国家航空和航天局成立的一个组织中获得大量拨款的项目。美国国家航空和航天局创新先进概念计划（NIAC）为致力于在空间技术中进行大胆创新研发的团队提供资金支持。你可以访问 NIAC 的网站 www.nasa.gov/niac 获取更多资讯。

认识菲利普·鲁宾

66 嗨，我的名字是菲利普·鲁宾，我是加利福尼亚大学圣巴巴拉分校的一名物理学家。我从小凝望着洛杉矶丘陵周围的星星。我现在正在研发能真正造访其他恒星的光航行空间探测器。99

目的地：比邻星

比邻星是离太阳最近的恒星。它坐落于离太阳 4 **光年** 以外的星座半人马座。（比邻星这个名字的原意是半人马座中离太阳最近的恒星。而半人马是一种想象中的动物，半人半马。）一光年是光在一年内走过的距离，大约 9.46×10^{12} 千米。

2016 年，天文学家在研究来自比邻星的光时证实了这颗恒星有一颗行星，名为比邻星 b。科学家们相信比邻星 b 是一个比地球大一些的岩石行星。它大约每 11 个地球日环绕其恒星运行一周。

科学家对于这颗行星位于比邻星的宜居带内这一点感到特别兴奋。宜居带是恒星周围适宜液态水存在于行星表面的区域。这一发现增加了这颗行星存在生命的可能性。比起地球从太阳接收到的辐射，比邻星 b 的表面很可能从它的恒星接受到更多的辐射，这暗示了它严酷的环境。但科学家对于也许存在于其他恒星系统的生命形式知之甚少，这使得比邻星星系成为一个诱人的探索目标。

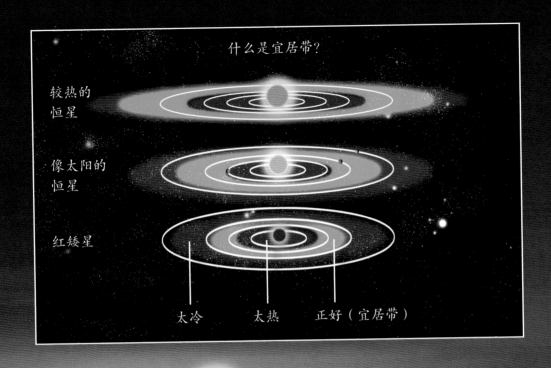

什么是宜居带？

较热的
恒星

像太阳的
恒星

红矮星

太冷　　太热　　正好（宜居带）

红矮星　比邻星是一种被称为红矮星的恒星。红矮星是银河系中最普遍的一种恒星，它们比太阳要更小且更暗。比邻星是太阳大小的八分之一。它由于太暗以至于只有通过望远镜才能被看见。苏格兰天文学家罗伯特·因尼斯在 1915 年发现了比邻星。

艺术家描绘的比邻星 b 的岩石表面。

可能存在多少个世界？ 天文学家曾经以为拥有行星的恒星是很稀有的，这使得我们的太阳系很特别。

> **❝** 然而，我们从最近的研究，例如开普勒计划中了解到平均每一个恒星都拥有一个行星。这是一个革命性的发现。我们没有意识到行星是如此的普遍。**❞**
>
> ——鲁宾

自 2009 年开始，开普勒空间望远镜用于观测遥远的恒星。它要寻找的是一颗行星经过时恒星的亮度所产生的微小改变，这可以证实这颗行星的存在。开普勒空间望远镜识别了上千个系外行星（那些围绕着遥远恒星所运行的行星），一些恒星没有任何行星但一小部分恒星拥有数个行星。

追随水前行

在地球上，生命存在于每一个我们能看见的角落。顽强的生命体在严寒的南极地带、高温的水下火山口和地球的大气高空中生存。但存在生命的每一处都需要某种形态的水。所以，在宇宙中的其他地方寻找生命时，科学家会首先寻找可能会找到水的地方。如果行星离它的母恒星太近，所有的水会被蒸发光；如果行星离得太远，水会保持冰的状态；而在这两个极端环境中间的区域就被称为宜居带。

开普勒空间望远镜已经识别了几千个系外行星，这幅图像展现了艺术家对它的描绘。这台望远镜是以约翰尼斯·开普勒的名字命名的，他是一个生活于 1571—1630 年的德国天文学家和数学家。

> **"** 我成长于 20 世纪五六十年代，当时世界各地的人们对太空竞赛都很关注。**"**
>
> —— 鲁宾

太空竞赛是美国与苏联（一个存在于 1922 年至 1991 年的国家）在太空探索方面进行的激烈竞争。这个竞赛推动两国科学家在太空探索方面取得许多里程碑式的成就。苏联赢得了许多早期的胜利。在 1957 年 10 月 4 日，苏联人发射第一枚人造卫星斯普特尼克 1 号进入轨道。苏联又在 1961 年 4 月 12 日将航天员尤里·加加林第一个送入太空。

> **"** 我记得我小时候对建造小宇宙飞船入了迷。我用硬纸板造了一个火箭。之后爬进那里面假装自己是一名航天员。**"**
>
> —— 鲁宾

水星号和双子星座号宇宙飞船标志着美国进入了载人航天探索时代。阿波罗计划在 1969 年 7 月 20 日将人类送上了月球，奠定了太空竞赛最后一个重要的里程碑。

> 人类能在月球上行走是一件不可思议的事情。我那时还在读高中，被那个瞬间惊呆了。
>
> ——鲁宾

太空竞赛激发了鲁宾和当时许多其他年轻人的想象力，激励他们去成为下一代的宇宙探索者。

航天员巴兹·阿尔德林向月球表面的美国国旗致敬。

星际旅行

按宇宙标准，比邻星也许是太阳的隔壁邻居，但是 4 光年对旅行而言仍然是一个惊人的距离。你能想到最快的东西是什么呢？一辆赛车？一架喷气式飞机？

一架典型的喷气式飞机能在一小时内飞行大约 800 千米。这样的高速足以在一天内飞越半个世界。但以这样的速度，仍需要数万年才能到达比邻星，这比人类从几千年前开始记录事物到现在的时间还要长！

事实上航天器比喷气式飞机快得多。在 2006 年，美国国家航空和航天局发射了新地平线号探测器到矮行星冥王星。这架探测器以创纪录的速度离开了地球的轨道，用比喷气式飞机快 80 倍的速度航行。但即使以如此高的速度前行，新地平线号依然花费了 9 年的时间才到达冥王星。而冥王星甚至远未到达太阳系的边缘。以相近的速度，一架探测器会花费几百年的时间才能抵达比邻星。

飞离地球最远的航天器是旅行者 1 号。这架探测器发射于 1977 年，去探索太阳系中的外部行星。它在 1979 年和 1980 年飞过木星和土星，然后进入星际空间。它以与新地平线号相似的速度航行，花费了 35 年

旅行者 1 号，于 1977 年发射，花费了 35 年以上的时间到达太阳系的边缘。

美国国家航空和航天局的新地平线号探测器，与如图所示的传统的火箭一起发射，花费九年时间到达矮行星冥王星。

更快抵达

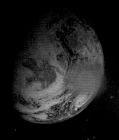

如此漫长的航行时间让科学家们失去耐心，似乎也让那些星球变得遥不可及。但是鲁宾想到了在 20 到 30 年内到达比邻星的方法。他的计划是宏伟的。令人惊讶的是，这并不要求科学界拥有重大突破，相反，这计划能够通过运用和开发已有的科技来实现。

" 我们希望在太空探索方面比现在走得更快和更远。要做到这一点，必须改变推动宇宙飞船的方法。而在某种程度上，我们必须去改变我们对宇宙飞船的理解。**"**

——鲁宾

在这幅图中，一个简单的帆式飞船——右边弯曲的灰色物体——是被激光的力量从地球推动的。

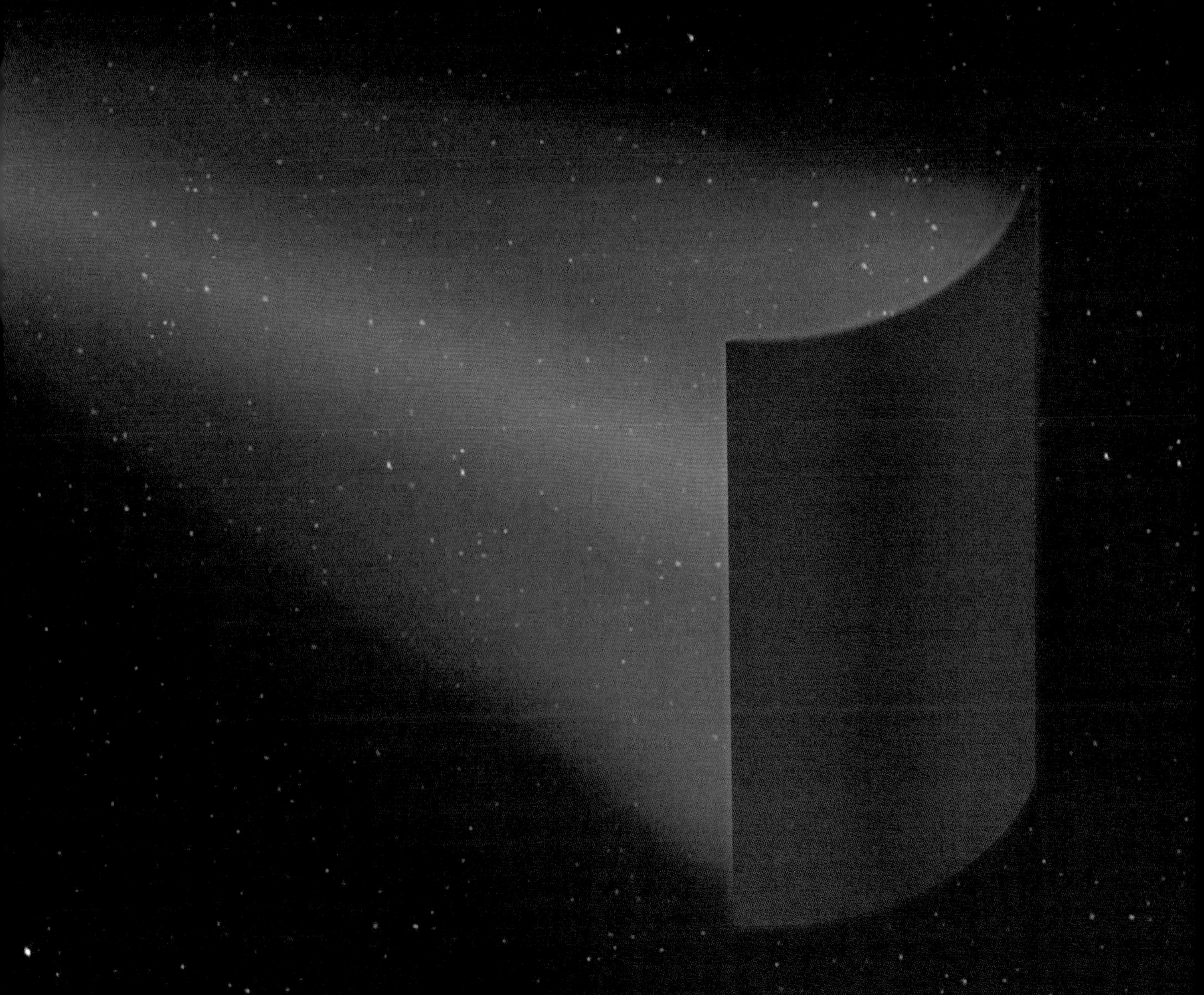

为了理解鲁宾的计划，我们必须先思考加速一个物体都需要些什么。为了完成加速，必须将一个力施加在这个物体上。

想象用你所有的力气去推动一辆货车。如果货车是空的，你推动的力也许很快能使这辆货车移动。但是如果货车载满了沉重的石头，一样的推力也许完全不能使货车移动！货车的加速度一部分取决于它的质量。

推动所用的力 (F)、物体的质量 (m) 和它的加速度 (a) 之间的关系用下面这个数学公式表示：

$F=ma$

也就是说，力等于质量乘加速度。这个公式也能用以下方式重新排列：

$a=F/m$

这意味着对于一个特定的力，当物体的质量增加时，加速度就会降低。相反，当一个物体的质量减少时，加速度增大。

结论是一个物体质量越小，它就越容易被加速到一个极其高的速度。所以鲁宾计划的第一部分是将空间探测器的质量变得尽可能小。

这个手推车的加速度取决于推动它的人的力量以及坐在上面的孩子的重量。

大创意：

使它缩小

在某种意义上，工程学的历史可以看作是一个把东西变大的探索史。工程学的发展给予了我们更大的船只、更高的摩天大厦和更长的桥梁。将航天员送上月球是目前为止人类太空探索的最大成就，这也需要人类至今所建造的最大的火箭：111 米高的土星 5 号。

相反的，在电子工业中，将东西变小是一直以来的目标。第一台电子计算机建于 20 世纪 40 年代，与房间一般大小。它用数以千计叫作真空管的大型设备进行计算。在 20 世纪 50 年代，真空管被叫作晶体管的小型设备所替代。

这样将电子设备缩小的趋势延续到研制出集成电路，有时也被叫作计算机芯片的 20 世纪 60 年代。集成电路本质上是将许多微小的开关刻蚀到通常是**硅**的**半导体**芯片上。

ENIAC 是第一批能够运作的电子计算机
之一。它占满了整个房间并且需要整个
团队的工作人员操作。

随着材料和制造工艺的发展，可刻蚀到芯片上的装置数量增加
得越来越快。从 20 世纪 70 年代中期开始，这个数字大约每隔
两年就会翻倍。结果是，电子计算机在体积变小的同时，性能
变得越来越强。

> **66** 你能在生活中使用平板电脑和智能手机时观察到这一点。每年，都会出现更小或更薄但是功能更强大的新产品。**99**
>
> ——鲁宾

在电子计算机芯片缩小的同时，电子元件像**传感器**和摄像头也发生了同样的改变。一个机械的空间探测器从某种意义上是一批被送上太空的电子设备。传统的空间探测器在地球上重达数百或数千千克。但是通过使用尽可能小的设备，鲁宾设想了一个小得多的探测器。

> **66** 我们可以想象把整个宇宙飞船放到和智能手机一样大小的物体上。一个智能手机有摄像头，有能够接收和发送信息的系统，有能够探测运动和位置改变的传感器。这就使我思考——为什么我们不用智能手机代替传统的空间探测器呢？**99**
>
> ——鲁宾

第一部手机（左图）简单而且笨重。现代的智能手机，如上图所示，使用大幅改进的移动电话科技，同时也将它变成了手掌大小。它们的计算能力是房间大小的 ENIAC 的好几千倍。

摩尔定律　能被安装在计算机芯片上的装置数量每两年增加一倍，这个概念被称作摩尔定律。它是以发现这个数量会按规律增加一倍的美国研究科学家戈登·摩尔（1929—　）的名字命名的。摩尔定律推动了计算机科学家和计算机制造者们去制造更小、功能更强大的计算机。

发明者的故事：

菲尔故障检修员

鲁宾以一个理论物理学家而非发明家的身份开始了他的职业生涯。理论物理学家运用数学和推理的方法发展我们对于物质、能量和宇宙的理解。

> "我曾经非常向往纯数学（研究数学本身的学科）以及基础物理学。当我开始学习早期宇宙的结构时，我动摇了。"
>
> ——鲁宾

为了研究早期的宇宙，科学家们首先要测量今天的宇宙。为了完成他的工作，鲁宾必须开发出探测器和其他设备去完成他所需要的测量。

> "为了探索，人们总要建造些什么。"
>
> ——鲁宾

参加科技研究给了鲁宾一个重拾儿时兴趣的机会。青少年时期，他被一些事物的工作原理所深深吸引，将物体拆卸再重组以满足自己的好奇心。

> ❝ 我儿时非常喜欢建造和拆解物体。我喜欢使用我的双手。❞
>
> ——鲁宾

鲁宾拆过收音机和电视机。他研究发动机，同时也被电子工业所吸引。他不断地修修补补使他拥有了绰号"菲尔故障检修员"。

1955 年的鲁宾和他的父亲（左图）。
学生时期在哈佛的鲁宾（上图）。

更快地推动

❝ 从某种层面上，使宇宙飞船变小是一个比较容易解决的难题。已经有一整个产业努力去开发更小、功能更强大、更有成本效益的电子设备。**❞**

——鲁宾

质量仅仅是上文提到的数学公式的一部分。对于一个常见的宇宙飞船，推进力一般是由火箭提供的。但火箭很笨重而且需要很重的推进剂（燃料）。安装一个火箭会在鲁宾的微型探测器上增加太多的质量。为了将宇宙飞船加速到从来没有到达的速度，鲁宾也需要一个新的方法去推动它们。

幸运的是，推动一个物体还有另外一种方法。想象一艘小船在水上航行。使船移动的力并不来自船的本身。相反，它来自于风对船帆的推动。

鲁宾为了推动他的微型探测器，也许会在上面安装一个帆。但是在宇宙中没有风去推动这面帆。即使有，日常的风并不能足够快地推动探测器。为了推动探测器，鲁宾需要找到更快的东西。

❝ 而我们拥有最快的东西是光。**❞**

——鲁宾

人们用帆使船只移动已经有几千年了。这些帆利用一阵阵风去推动船只。而其他形式的帆，也能够运用于太空。

27

尽管听起来很奇怪，科学家们已经开始对用光航行的宇宙飞船进行实验。这样的设计通常被称作太阳帆，因为它们用太阳光的压力在太空中航行。

太阳帆是由轻量级的骨架和覆盖在上面的大量反射材料所组成的。太空中的"风"以被太阳释放的**光子**的形式出现。

当一个光子撞击到太阳帆，镜面将光子反射回太空中。与此同时，一些光子的**动量**被传递给了太阳帆。太阳帆应用了英国科学家艾萨克·牛顿（1642—1727）提出的第三运动定律。这条定律指出每一个作用在物体上的力都有一个与它大小相等、方向相反的反作用力。所以，光子的反射将太阳帆向反方向推动。

一个光子没有太大的动量，所以只有少量的推动力被传递到太阳帆上。但随着时间的推移，当数百万个光子击打在上面，这个力大大增加使得太阳帆能够加速到接近光速。

设计一个太阳帆 因为一个光子所承载的动量是极小的，所以太阳帆必须足够大到能够捕获数百万个光子。一些帆可以设计成 1 到 10 个足球场的大小。为了拥有尽可能快的速度，太阳帆也必须很轻。一些

实验帆是以厚度为一般保鲜膜三分之一的材料做成的。太阳帆也必须是近乎完美的反射器。帆的反射性越强，越多的光子就能被转换成动力，而太阳帆就行驶得越快。

太阳帆利用光子加速一艘宇宙飞船。

发明者的故事：

观察自然

鲁宾对探索的兴趣有一部分来自于他对自然和户外的向往。

> 66 我年轻时常常冲浪。小时候，大家聚在一起，去海滩上闲逛或带上冲浪板去冲浪是一件令人兴奋的事。 99

——鲁宾

鲁宾曾经对星星着迷。但他在洛杉矶长大，明亮的城市，朦胧的天空，并不适合眺望星空。

> 66 当长大一些，我喜欢到山上徒步旅行。这就像从天空摘去一层面纱一样。突然间，我能够看见这美丽的宇宙的存在。我想这激发了我想去探索更多事物的想象力。 99

——鲁宾

鲁宾仍然享受徒步旅行带来的乐趣。他喜欢在雪中出行并且热爱深冬。

> **66** 我仰望星空然后想象那里有些什么。**99**　　　　——鲁宾

鲁宾拿着滑雪板在斜坡前面摆姿势。

激光能量

一艘太阳帆驱动的飞船可能适合在地球与距离遥远的临近恒星之间穿梭。但是有两个主要问题。第一，飞船需要很长的时间才能达到星际速度。第二，当飞船离太阳越来越远，推动帆前行的光子会越来越少。

> 66 为了继续航行，你有了这艘帆船，但是风的强度不足以推动它。你要想办法去推动它。99
>
> ——鲁宾

为了让光帆快速达到星际速度，鲁宾会使用一种比太阳光更强烈的光去驱动它：激光。

光被认为是一种粒子——光子，但是它也在某种方面表现得像你在水中看见的波浪一样。在太阳光和许多其他种类的自然光中，光波存在于每一处。它们向不同的方向移动；一个波峰与下一个波峰之间有不同的长度；而两个波峰之间的波谷通常不会整齐排列。

相反，在激光中，所有的光波用相同的方式移动。光波都有着一样的长度，而且波峰与波峰以及波谷与波谷排列对齐。结果是，激光能够以很窄小的光束传播很长的一段距离。其他种类的光很快地发散并且在传播一段很短的距离后逐渐消失。

在这张照片中，一个天文台向一艘环绕月球的宇宙飞船发射一束激光。因为所有激光中的光波向同一个方向移动（如图所示），光束能够传播很长的一段距离也不消失。

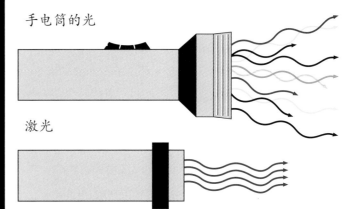

手电筒的光

激光

为了理解鲁宾的设想，想象传统太阳帆慢慢地在阳光中各处的光子撞击到它时获得动量。现在想象那些光子是激光的光子——大量的光子步调一致地快速移动。这样的光束能够很快地给予光帆大量的动量。

为了提供更多的能量，几束激光能够一起发射，形成一个巨大的光束。这样的装置叫作**相控激光阵列**。

不像传统的火箭发动机，相控激光阵列能被简单地重复使用。另外，由于鲁宾的微型宇宙飞船相对廉价，航天任务的控制人员能够将它们投送到一个又一个的星球。

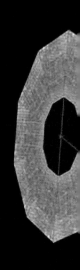

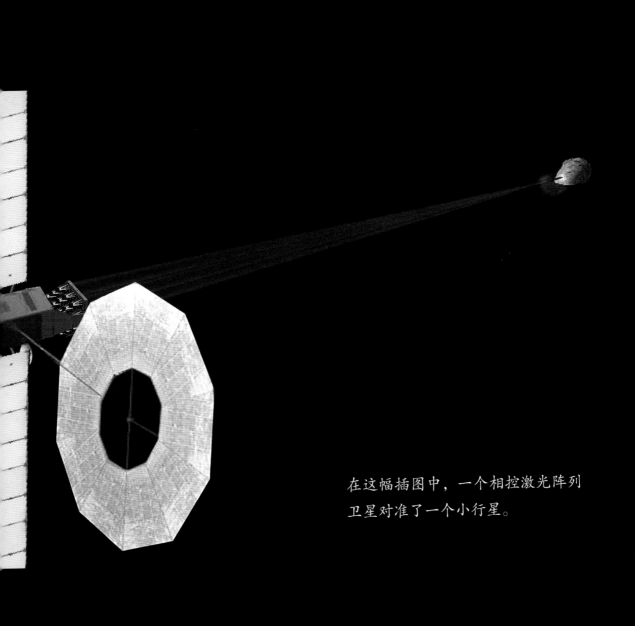

在这幅插图中，一个相控激光阵列
卫星对准了一个小行星。

事实上，鲁宾开始进行相控激光阵列的实验是为解决一个完全不同的问题。

> 66 我们开始将激光看作使小行星转向的行星防御措施。99
>
> ——鲁宾

我们的太阳系中存在数百万个散落的岩石和金属质的小行星。偶尔，其中的一些会撞击地球。它们中的大多数会在大气层中被烧尽，但是更大的小行星能够撞击地面，激起大量的尘埃并且引发自然灾害。许多科学家认为正是这种撞击所带来的危害导致了大约 6500 万年前恐龙和许多其他生物的灭绝。

这样大规模的撞击是十分罕见的，但是科学家们正在思考能够避免这些撞击在未来出现的方法。

> 保护行星所用的科技也能够用于星际探索。事实上，它们运用的是一样的设备。

——鲁宾

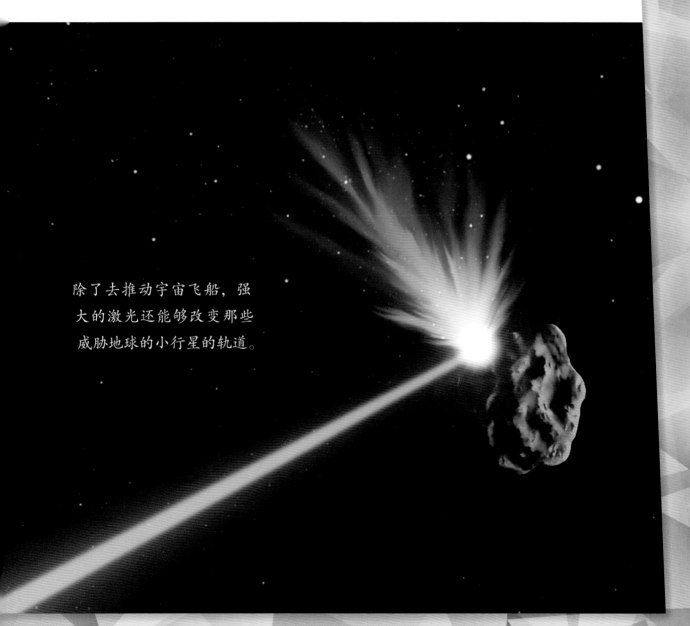

除了去推动宇宙飞船，强大的激光还能够改变那些威胁地球的小行星的轨道。

比邻星b还是失败

所以未来到比邻星 b 的任务会是怎样的呢？想象在地球的轨道上或是在月球的表面有一个发射台，发射台拥有着一个相控激光阵列。一个接着一个，阵列瞄准了一小群光帆，每一面帆都与一个邮票大小的宇宙飞船相连。

激光照射只需要几分钟的时间就能使每艘飞船的速度达到光速的三分之一。每艘飞船第一天的行驶距离就会比旅行者 2 号花费 35 年时间所行驶的距离更远。

在地球上，随着时间的推移，飞行物体会因为与空气之间的**摩擦力**而减速。然而，在太空中，几乎没有什么能让激光动力飞船减速。比邻星位于 4 光年之外，所以以光速的三分之一移动的微型宇宙飞船要花费 12 年的时间抵达目的地。

鲁宾的微型宇宙飞船发射 20 年后，天文学家们就能够收到比邻星 b 的特写照片。

当靠近比邻星和它的行星比邻星 b 时，宇宙飞船会捕捉影像且用传感器去收集其他形式的资料。它们会将这些资料用激光传回地球。之后，以快到难以停下的速度，它们会继续飞向星际空间。

因为比邻星在 4 光年之外，这要花费 4 年的时间将资料从宇宙飞船传送回地球。大约在发射的 20 年后，科学家们将能够目睹那曾经被认为是不可能的东西：第一张遥远星系的特写照片。

询问菲利普·鲁宾

我们能够造访其他恒星吗？

❝ 太阳系在我们可以触及的范围之内。在我们的有生之年，我们能将人们送往火星去探索火星表面。❞

——鲁宾

将人们送到其他的恒星是一个更难实现的目标。比起鲁宾的微型宇宙飞船，人类是笨重的，而且他们需要许多食物、水和空气去维持生命。这使我们难以想象如何将一个人类的质量加速到一个适合星际旅行的速度。

❝ 我相信我们最终会将访客送到其他恒星上。但是，那将会是在很远的将来。❞

——鲁宾

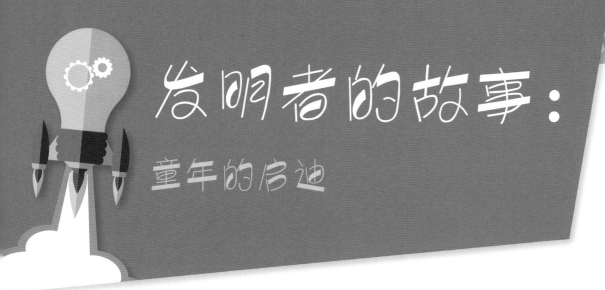

发明者的故事：

童年的启迪

鲁宾记得在小时候对电影《地球停转之日》(1951 年) 印象深刻。

> 66 这是一个对于太空探索的可能性和与探索有关的社会问题的有趣解读。99
>
> ——鲁宾

在这部电影中，一个外星人访客在人类开始探索太空时来到了地球，迎接他的是质疑和暴力，而他最终也被杀害。

在影片最后，他传达了一个沉重的信息：人类也许会继续探索太空，但是如果他们带来暴力，外星人将会毁灭地球。

> **"** 这给我留下了深刻的印象。我想，为什么人们不能一起合作去完成一些美妙的事情却要彼此攻击呢？ **"**
>
> ——鲁宾

1958 年还是一个小学生的鲁宾。

还是个孩子的时候，鲁宾会骑着自行车去图书馆读关于数学和科学的书。

> **"** 我想要理解我所能理解的全部。 **"**
>
> ——鲁宾

他也喜欢阅读《大众科学》和《大众机械》。

《大众科学》是一本美国杂志，其中介绍科学和技术的文章是为普通读者所写的。它在 1872 年起首先以《大众科学月刊》的名字出版。

《大众机械》是一本刊登科技类文章的美国杂志，其中包括了一些能够在家中尝试的设计。它出版于 1902 年。

菲利普·鲁宾和他的团队

鲁宾教授和加利福尼亚大学圣巴巴拉分校物理系的宇宙实验小组。

词汇表

光速 物质能行进的最快速度。大约为 299,792 千米 / 秒。科学家阿尔伯特·迈克尔逊在 1926 年首次对光速进行了正确的测量。

星际 恒星之间。

加速 改变速度，加快速度。

质量 表示物体中含有物质多少的物理量。大自然中的所有物体都是由物质构成的。

探测器 火箭、卫星或其他携带科学仪器的无人航天器，用于记录或传回关于太空的资料。

激光 一种非常强大的光束。产生这种光束的机器叫作激光器。

恒星系统 一颗或几颗恒星和它们的行星以及其他围绕它们运行的天体组成的整体。

光年 光在真空中一年内所走过的距离，大约是 9.46×10^{12} 千米。

硅 一种化学元素。是一种坚硬、深灰色、具有光泽的半金属。是一种半导体。半金属是兼有一定金属性和非金属性的元素。

半导体 一种比玻璃等绝缘体更易导电的材料，但导电性不如像铜那样的导体。

传感器 检测、监视物理环境中的变化的设备。

光子 光的微小粒子。

动量 物体的运动力。一个移动着的物体的动量等于其质量乘以其速度。

相控激光阵列 连接起来以产生强大光束的多台激光器。

摩擦力 物体穿过空气、水或其他介质时或在其表面运动时所受到的阻力。

更多信息

想了解更多关于恒星的知识吗？

Keranen, Rachel. *The Composition of the Universe: The Evolution of Stars and Galaxies*. Space Systems. Cavendish Square Publishing, 2017.

想了解更多关于运动定律的知识吗？

Gianopoulos, Andrea. *Isaac Newton and the Laws of Motion*. Inventions and Discovery. Capstone Press, 2007.

想知道更多关于激光的历史吗？

Wyckoff, Edwin Brit. *The Man Who Invented the Laser: The Genuis of Theodore H. Mainman*. Genius Inventors and Their Great Ideas. Enslow Elementary, 2013.

像发明家一样思考

微型电子探测器可以探测那些人类无法到达的太小或太远的地方。想想微型电子探测器可以探测的地方有哪些？

致谢

下列机构、个人、公司、图书出版单位为本书提供了照片及其他插图，书中出现的每一幅插图所对应的页码均列在提供单位和个人的前面。

封面	UCSB Experimental Cosmology Group
4–5	© Tunç Tezel
6–7	Ripton Scott (licensed under CC BY–SA 2.0)
8–9	ESO/M. Kornmesser; WORLD BOOK illustration by Matt Carrington
10–11	NASA
13	NASA
14–15	NASA/JHUAPL; NASA/JPL
16–17	UCSB Experimental Cosmology Group
18–19	© Shutterstock
21	U.S. Army
23	© Tim Boyle, Bloomberg/Getty Images; © Shutterstock
25	Philip Lubin
26–27	© Shutterstock
29	NASA
31	Philip Lubin
32–33	NASA/Goddard Space Flight Center/Tom Zagwodzki; WORLD BOOK diagram by Bensen Studios
34–35	UCSB Experimental Cosmology Group
37	Q. Zhang, NASA
38–39	ESO/M. Kornmesser
40–41	ESA/Hubble & NASA
43	Philip Lubin
44	Philip Lubin

图书在版编目（CIP）数据

激光动力飞船 /（美）杰夫·德·拉·罗莎著；
彭哲悦译 . —上海：上海辞书出版社，2018.8
ISBN 978 – 7 – 5326 – 5153 – 5

Ⅰ．①激… Ⅱ．①杰… ②彭… Ⅲ．①航天探测器
Ⅳ．① V476

中国版本图书馆 CIP 数据核字（2018）第 155710 号

激光动力飞船 jī guāng dòng lì fēi chuán

〔美〕杰夫·德·拉·罗莎 著　彭哲悦 译

责任编辑　周天宏
封面设计　梁业礼

出版发行　上海世纪出版集团
　　　　　　上海辞书出版社（www.cishu.com.cn）
地　　址　上海市陕西北路 457 号（200040）
印　　刷　上海雅昌艺术印刷有限公司
开　　本　890×1240 毫米　1/16
印　　张　3
字　　数　40 000
版　　次　2018 年 8 月第 1 版　2018 年 8 月第 1 次印刷
书　　号　ISBN 978 – 7 – 5326 – 5153 – 5 / · 3
定　　价　25.00 元

本书如有质量问题，请与承印厂联系。T: 021 – 68798999

OUT OF THIS WORLD
走 出 这 个 世 界

认识美国国家航空和航天局发明家**威廉·惠特克**和他的

外星洞穴探险者
ALIEN CAVE EXPLORERS

[美] 杰夫·德·拉·罗莎 著

杨先碧 徐娜 译

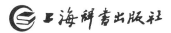

上海辞书出版社

上海市版权局著作权合同登记章：图字09-2018-354

Alien Cave Explorers

目　录

词汇表　第45页为术语词汇表。词汇表中的术语在正文中第一次出现时为粗体。

引言

在过去 50 年里，科学家已经掌握了**太阳系**中岩石星球的若干信息。多种航天器已经拍摄到火星、金星、水星和月球的照片，科学家通过航天器传输的数据绘制了这些星球的**地形**图。20世纪 60 年代和 70 年代，航天员多次踏上月球表面，并在月球上漫步。从 20 世纪 90 年代末至 21 世纪初，多辆火星**漫游车**登陆火星表面，它们发回的照片改变了我们对火星的认知。

从某种意义上来说，目前人类对其他星球的探索都是浅层次的。要充分了解外星上的未知世界，我们必须从它表面往下挖掘。然而，要在外星上向地下挖掘数米，目前还是一项艰巨且花费昂贵的任务。或许，我们还可以想别的办法。

太阳系中的一些天体，例如月球，在其地下可能有纵横交错的洞穴群。

近十多年来，利用日益成熟的成像技术，人们已经探测到太阳系各个岩石星球表面有数以百计的坑洞。有证据表明，许多坑洞可能与地下洞穴相连。

其他行星上的洞穴，比如火星上的洞穴，将揭示一些未解的科学之谜。由于火星表面寒冷而干燥，尽管科学家认为火星上有水，但是认为这些水几乎储存在地下。此外，火星上的环境曾经比较有利于生物生存。如果火星上曾经演化出生命，在环境变得恶劣之后它们可能撤退到地下洞穴中。无论科学家要在火星上寻找水，还是要寻找生命存在的证据，洞穴都是值得探索的地方。

工程师威廉·惠特克想把机器人送入外星坑洞中，以便探索外星地下洞穴。但是，这样的探索并不容易，因为洞穴呈现出各种各样特别复杂的地形。由于洞穴是隐蔽的，洞穴探险者在进入洞穴之前，不会知道他们将面临怎样的挑战。洞穴探索机器人必须在黑暗中独自工作，没有**太阳能**作为动力，也不能与地球上的科学家及时联络。

即使面临这些挑战，探索任务也是值得去做的。这不仅仅是满足人们的好奇心，还可以带来实际的利益。人类祖先曾经利用洞穴作为天然的庇护所。如果人们今后要在月球或火星上生活，他们或许可以利用洞穴来保护自己和相关设备，避开那些危险的环境。

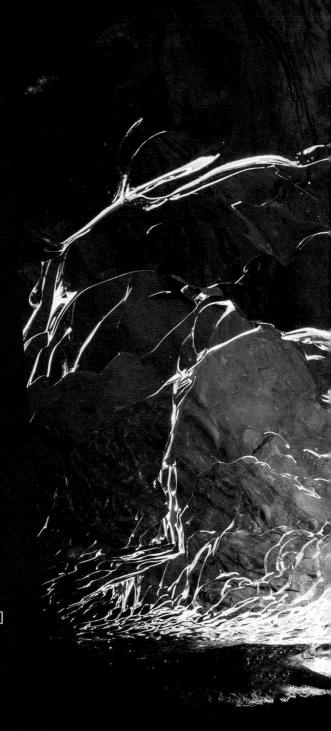

美国国家航空和航天局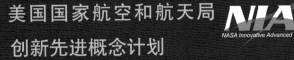

创新先进概念计划

"走出这个世界"系列丛书的主题，聚焦那些从美国国家航空和航天局成立的组织中获得大量拨款的项目。美国国家航空和航天局创新先进概念计划（NIAC）为致力于在空间技术中进行大胆创新研发的团队提供资金支持。你可以访问 NIAC 的网站 www.nasa.gov/niac 获取更多资讯。

认识威廉·惠特克

"你好！我是威廉·惠特克。我是一名工程师，也是卡耐基·梅隆大学（位于宾夕法尼亚州匹兹堡市）的机器人学教授。当我还是个孩子的时候，我就喜欢到洞穴里去玩耍。现在我正致力于开发用于探索月球和火星等外星洞穴的机器人。"

7

洞穴

洞穴是指天然的空洞，在地面上有洞口可让人进入。一些洞穴只有单个洞室，通常只有几米长。大的洞穴则呈现出复杂的网络状的内部结构，包括若干洞道和洞室。地球上迄今为止已发现的洞穴中，最长的是猛犸洞，位于美国中部的肯塔基州。这个洞穴已探明的洞道长度有 550 千米，但是科学家认为它实际上可能更长。

地球上大部分洞穴都是溶洞。溶洞是由水的作用形成的。地下水形成的涓涓细流，慢慢地溶解石灰石或类似的岩石。经历数万年的历程，柔弱的水逐渐掏空了岩石，"雕刻"出洞道和洞室。最终，洞穴的部分岩石可能会坍塌，形成一个垂直入口，那就是天坑。也有洞穴的入口(尤其是有水往外流的洞口)是较平的，出现在山坡上或山谷中。

溶洞的内部黑暗且潮湿，终年不见天日。携带照明灯具的探险家会在溶洞中发现壮美的景观，那里有许许多多形态各异的石头，比如钟乳石和石笋。钟乳石悬挂在洞穴顶部，就像是冰淇淋。石笋位于洞穴地面，就像是雨后春笋。不少洞穴内还有地下湖泊、河流和瀑布。

地球上的大部分洞穴是在水的作用下形成的，就像图中的这个溶洞，它位于中美洲国家伯利兹。

9

熔岩管

在太阳系中除了地球以外的其他岩石星球上，水的储量很少。在干燥的星球（比如月球）上，大部分洞穴可能是熔岩管。熔岩管是在流动的岩浆作用下形成的，岩浆可能来自火山爆发。

" 熔岩也可能源于巨大的撞击。大型**陨石**撞击月球或火星，撞击产生的骇人能量足以熔化岩石，最终形成一个陨石坑。"

——惠特克

熔岩像水一样向山下流动，形成一条熔岩河流。熔岩流动时会慢慢冷却，最终变成坚硬的岩石。熔岩从外部开始冷却，在河流表面形成一层坚硬的外壳。

"这和地球上的一些河流在冬天结冰的方式很相似。河流表面变为冰，但仍有液态水在冰面下流动。"

——惠特克

同样，熔岩在具有坚硬外壳的管道内继续流动。最终，火山停止喷发，或者撞击产生的岩浆流失。

" 原有的熔岩继续通过管道流出，但不再有新的熔岩流入来代替它。当这种情况发生时，熔岩管内的熔岩河面会逐渐下降。"

——惠特克

最终，所有的岩浆都流出来了，管道的外壳完全变硬，一条狭长的洞穴就形成了，这就是熔岩管。

在地球上，熔岩管发现于有火山活动的地方。在太阳系的所有岩石星球上，地球是地心引力（也称重力）最强的地方。重力不断拉拽正在流动、硬化的熔岩，限制了熔岩管的最终尺寸。

然而，在月球和火星上，引力则要弱得多，那里就可以形成巨大的熔岩管。

66 在低引力的环境下，这些熔岩管可以变得更宽、更高；而且在某些情况下，可比地球上的熔岩管长得多。**99**

——惠特克

的图中科学家正在探索熔岩管。

熔岩管可能隐藏在地下，直到它的一部分顶部突然坍塌，在地面形成一个叫作天窗的开口。

天坑

不只是熔岩管会出现顶部突然塌陷的情况，溶洞也可能塌陷而形成一个深坑，这就是天坑。2014 年，在美国克尔维特国家博物馆（位于肯塔基州鲍灵格林市），一夜之间出现了一个巨大的天坑，吞噬了 8 辆经典版雪佛兰轿车。

发明者的故事：

从小喜欢探索洞穴

惠特克从小就显示出对地下勘探的兴趣。

> ❝ 我小时候生活在宾夕法尼亚州西部，那里有阿勒格尼山脉。我在那里度过了快乐的童年，有时去林中爬树，有时去河里游泳，有时去洞穴中探险。我甚至还会钻到地窖里去玩，那是人们冬天用来存放苹果、土豆等食物的地方。❞

——惠特克

惠特克长大之后，幼时的兴趣发展成对登山和洞穴探险的特别爱好。

> ❝ 那一度是我最大的业余爱好。我不断地探索更大、更有意思的洞穴和山峰，并乐在其中。❞

——惠特克

在童年时代，惠特克有一个"红毛"的外号，那是因为他的头发是红色的。

> 66 我想，美国几乎每个长有红发的孩子都会被别人称为红毛。我曾经有很长时间拒绝接受这个外号。99 ——惠特克

惠特克最终接受了这个外号。尽管后来他的头发不再是红色，人们还是称他为红毛。

> 66 现在我用红毛这个名字来做很多事情。无论是在支票上签名，还是签署合同，我都用这个名字。我就是红毛·惠特克，那就是我。99 ——惠特克

定位洞穴

"外星洞穴一直是科幻小说的常见题材，这样的幻想已经有 100 多年的历史了。直到现在，我们还处于幻想之中，因为我们找不到进入外星洞穴的方法。"

——惠特克

十多年前，随着高**分辨率**成像技术的进步，外星洞穴的科学研究就开始了。从外星轨道上拍摄的图像分辨率越高，就越容易看到外星洞穴的细节。

2009 年，利用拍自月球和火星的高清晰图像，科学家开始鉴定这些星球上的洞口。这些图像的分辨率大多为几米（就好比在这些图片所拍摄的区域中，如果有一辆轿车，那辆轿车在图片上只是一个小黑点），因此科学家还难以确定他们看到的究竟是什么。科学家识别洞口或其他特定地形，往往需要对比图像上的亮区和阴影。

"如果图中有土堆或山峦，它的一侧会出现亮区，而相对的另一侧则是阴影。如果图片中有坑洞，那么我们就可以在图片上看到圆形或近似圆形的阴影；而在阴影的边缘会有一道弧形的亮区，就像是一弯新月。"

——惠特克

轨道空间探测器，如美国于 2009 年发射的月球勘测轨道飞行器，可以描绘出目标天体表面的细节，拍摄到大量的高分辨率图像。

利用专业的计算机软件，科学家可以较为容易地寻找到外星表面的亮区和阴影。

> **❝** 计算机会寻找到大量可能有坑洞的区域，然后将它们圈出来，人们再对这些区域进行筛选和验证。**❞** ——惠特克

业余的洞穴探索者

任何人都有能力辨识大多数高分辨率的外星表面图像，这使得业余洞穴探索者可以从图像中寻找到外星洞穴。2010年，长青中学（位于美国加利福尼亚州卡顿伍德）的学生，在火星帕蒙尼斯火山的斜坡上发现了一个大天窗（见下图）。美国国家航空和航天局当时正在推广"学生火星成像项目"，许多学生参与其中，和科学家合作寻找外星上的奇特地形。

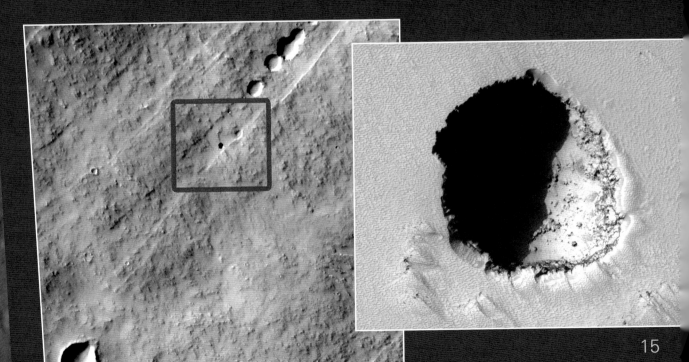

探险行动

外星洞穴探险并非我们想象的那么简单，因为我们不能简单地将漫游车送到外星洞穴中。事实上，大多数漫游车都设计成可在相对平坦的表面上运行。科学家在选择外星着陆点时，通常也会选择那些没有坑洞、斜坡和其他特殊地形的区域，以避免漫游车受损或搁浅。

而惠特克的洞穴探索机器人，就不得不选择在目标洞穴附近着陆。机器人进坑洞，是一项具有挑战性的任务，因为坑洞内往往比较复杂，充满了碎石和其他障碍物。

> **" ** 这些坑洞有的很凶险，进去就会遭遇悬崖峭壁，也有的比较平缓，有一道长长的斜坡从洞口延伸到底部。**"**

——惠特克

从外星轨道上拍摄图像，就不必面临这样的困境。当然，从外星轨道上拍摄图像也有一定的局限性，因为有一些洞穴在轨道探测器的视野之外。科学家也不能事先确定洞穴探索机器人将会面临怎样的挑战，只有接近洞穴的时候才能真正知晓。

> 这就是探险的魅力所在：很多时候，在没有抵达之前，你并不知道自己将面临什么情况。

—惠特克

因此，对外星洞穴不太可能一次性完成探险任务。相反，大多数外星洞穴可能需要反复探险。

> 在地球上，探险家曾经渴望到达南极或攀登珠穆朗玛峰。这并不是很容易完成的任务，也不可能探险一次就结束了。同样，外星洞穴也像珠穆朗玛峰那样值得多次探险。

—惠特克

这些探险任务可能包括几个步骤：（1）在太空轨道上进行侦察，（2）在低空和地面上探测，（3）进入到坑洞中，（4）深入到地下洞穴进行探测。

第一阶段：轨道侦察

当探索外星洞穴的航天器进入外星轨道时，首要的任务是对洞穴进行侦察和定位。当航天器从外星的表面图像上识别出洞穴后，它就可以靠近洞穴以便实施进一步的探测。

地球上的探索者通过分析航天器从轨道上拍摄的图像来了解洞穴。这些数码图像是由若干个很小很小的方格组成，这些小方格被称为像素。像素的大小决定了图像的分辨率。举例来说，某张图片上的一个像素代表 1 平方米的外星表面。这样，探索者通过计算像素的多少，就可以确定外星洞穴洞口的大小。

通过测量图像上洞穴中阴影的相关数据，训练有素的研究人员也可以估算某个坑洞的深度。他们可以通过图像中的亮度变

66 到目前为止，我们已经确定了月球和火星上一些大小不同的坑洞。有些坑洞有专业体育场馆的规模，最小的坑洞大概只有一幢小别墅那么大。99

——惠特克

化，来了解洞穴内的地形情况。光滑平整的表面在亮度上变化不大，而粗糙、布满碎石的表面则呈现光影交错的特点。

轨道航天器甚至可以拍摄出坑洞的立体图像。在这项技术中，飞船从两个稍有不同的角度拍摄两幅图像。把这些图像合成起来，就能显示出景深，从而提供坑洞的立体图像。

上述信息有助于探索任务的负责人选择所需要探索的洞穴，并在附近选择一个安全的着陆点。这些信息还可帮助负责人决定选择哪种机器人降落到坑洞中。

如果能够在不同的光照条件下拍摄一个坑洞，航天器就可以收集到更多有关坑洞的信息。上面展示的是同一个月球洞穴在不同时间的两张照片。在不同的图像中，坑壁和洞顶被阳光照亮的部分有所不同。

当然，科学家有许多不同的方法来寻找地下洞穴，包括从太空轨道上来搜索。

> **❝** 我可以说，你从太空轨道上可能看不到地下洞穴。对于那些小洞穴来说，尤其如此。但是，对于那些大洞穴，你可以通过测量重力的变化来探测。**❞**
>
> ——惠特克

一个物体在某个天体上所受到的重力与两者的**质量**都有关。质量越大，重力越大。我们可以设想，用一个轨道探测器测量它在月球上受到的重力。探测器探测到月球某一区域的重力略微下降，这表明月球的那部分区域质量略微减少。这很可能就是那里出现了地下洞穴。

2012 年，两个轨道探测器就是这样对月球上的重力变化情况做了详尽的观测。这也是美国国家航空和航天局的 GRAIL 任务的一部分（GRAIL 的意思是重力回溯及内部结构实验）。

> **❝** 2016 年，研究 GRAIL 数据的科学家发现了月球上的一个巨大的地下洞穴。它又长又窄，形状像一个意大利长棍面包，相当于曼哈顿（美国纽约市的一个区）一半的大小。**❞**
>
> ——惠特克

2012 年，GRAIL 任务完成了月球表面引力场地图的绘制。图中的红色对应的区域质量稍大，所产生的引力也就更大；蓝色对应的区域质量略小，所产生的引力也就偏小。

第二阶段：
低空和表面侦察

> 现在，科学家已经对火星和月球表面拍摄了大量高分辨率图像，也进行了其他一些测量。在某些情况下，测量精度小于 1 米。你可以跟随火星车或其他**着陆器**去观察火星，也可以看到航天员留在月球上的足迹。但是，从太空轨道上看下去，你可能永远也看不到洞穴内部的情况。
>
> ——惠特克

为了发现与坑相连的洞穴，科学家们必须派探险机器人做更进一步的观察。第一步可能是派一架无人机在坑洞上空盘旋，对它进行近距离观察。惠特克设想，无人机可以搭载在着陆器上。当着陆器降到低空时，无人机和着陆器分离，无人机可以靠近坑洞，拍摄坑内的详细图像。

在坑洞附近着陆后，无人机还可以释放一辆漫游车。漫游车将接近深坑，从坑的边缘进行详细的检查。

在这张艺术设想图中，着陆器慢慢下降以探索月球坑。

> 首次从地面上探测坑洞可能使用轮式机器人，它们与现在使用的漫游车没有太大区别。这些机器人将抵达这些大坑，开始第一次观测。
>
> ——惠特克

如果要探测外星洞穴，需要对现有的漫游车在设计上做一些改进。毕竟现在的绝大多数漫游车，都只是为了就近探测而设计的。

探测坑洞的漫游车需要装备远程探测仪器。漫游车需要靠近坑洞边缘，探测坑洞和洞口边缘数百米范围内的情况。

> 从机器人的视角来看，抵达外星坑洞，就像是来到了大峡谷。
>
> ——惠特克

根据漫游车收集的相关信息，我们可以确定这个坑洞是否与地下洞穴相连。这些信息也将有助于设计一辆能进入坑洞内的漫游车。一旦观察完成，项目负责人甚至可能考虑派漫游车进入坑洞内。

> 我们可能下到洞穴去瞧瞧，但是如果采用只能在外星表面运行的漫游车，那就不大可行了。
>
> ——惠特克

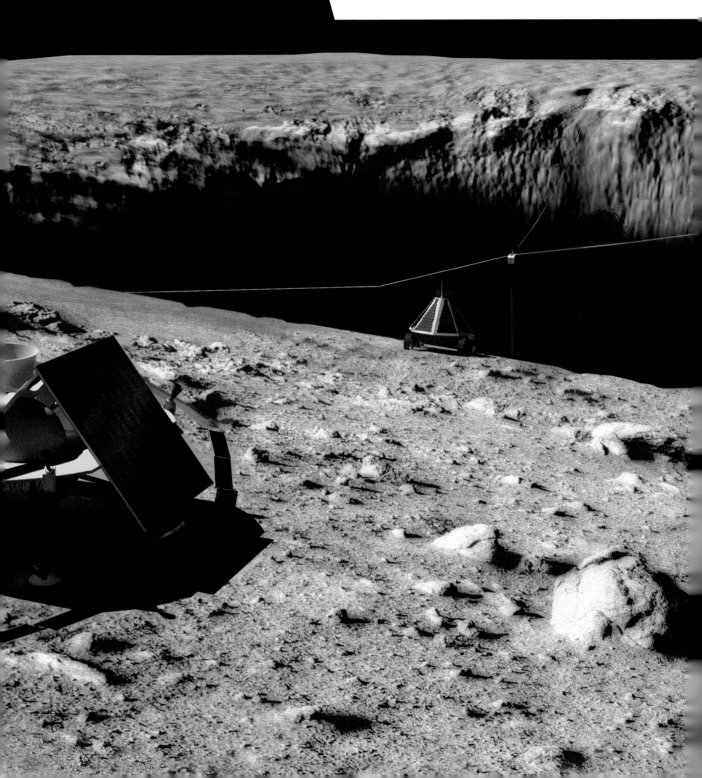

在第 23 页图片中的那个着陆器，释放了一辆坑洞探险漫游车。

> **"** 为了避免陷入困境，如今探索外星的机器人不是两脚行走的机器人，而是轮式机器人，也就是那种拥有轮子和发动机的漫游车，漫游距离通常只有几米。**"**
>
> ——惠特克

发明者的故事：

来自儒勒·凡尔纳的启发

惠特克对太空探索的兴趣，部分源于法国科幻小说作家儒勒·凡尔纳的作品。

> ❝ 当我还是个孩子的时候，我就喜欢他的作品。就在几年前，我重读了他的小说《从地球到月球》（1865 年出版）。它已经有 150 多年的历史了，但是我对他科幻小说中所描述的技术细节还是有相当深刻的印象。❞
>
> ——惠特克

儒勒·凡尔纳

儒勒·凡尔纳（1828—1905），法国小说家，被誉为"现代科幻小说之父"。虽然他撰写那些科幻小说时连飞机都还没有被发明出来，但是在如今太空探索时代，他的小说依然流行。凡尔纳预测了飞机、电视、导弹和卫星的发明，他甚至准确地预测了这些新发明的用途。

凡尔纳聪明地利用了现实生活的一些细节和可信的猜想，让人信服那些不可思议的科幻冒险故事。他的科幻故事充分利用了 19 世纪广泛传播的科学知识。他让读者随着自己的小说畅游世界各地，甚至深入到地下，或是上升到太空。

凡尔纳在 1870 年出版的小说《海底两万里》，讲述了疯狂的尼摩船长利用潜艇漫游海底的故事。在《八十天环游世界》（1873 年）里，菲利亚·福格为了赢得赌注，在当时的人认为不可能的 80 天内环游了地球。凡尔纳的其他作品还有：《地心游记》（1864 年），《从地球到月球》（1865 年），《环绕月球》（1870 年）。

第三阶段：进入坑洞

> 66 与在外星表面巡查相比，进入坑洞并在洞中巡查是个巨大的挑战。99

——惠特克

第一个进入坑洞的机器人必须应对一些复杂的地形。至少，它要能越过坑洞斜坡上的碎石堆。

> 66 幸运的是，机器人下坡的本领要比爬坡的本领大得多。99

——惠特克

坑洞漫游车需要越野轮胎，还有较高的离地间隙。离地间隙是指车辆除车轮之外的最低点与地面之间的距离。具有较高离地间隙的车辆可以越过较大的障碍物。坑洞漫游车可以通过缆绳和动力锚相连，也可以和着陆器相连。如果这辆漫游车陷在泥地里，它可以被动力锚或着陆器通过缆绳拉出来。

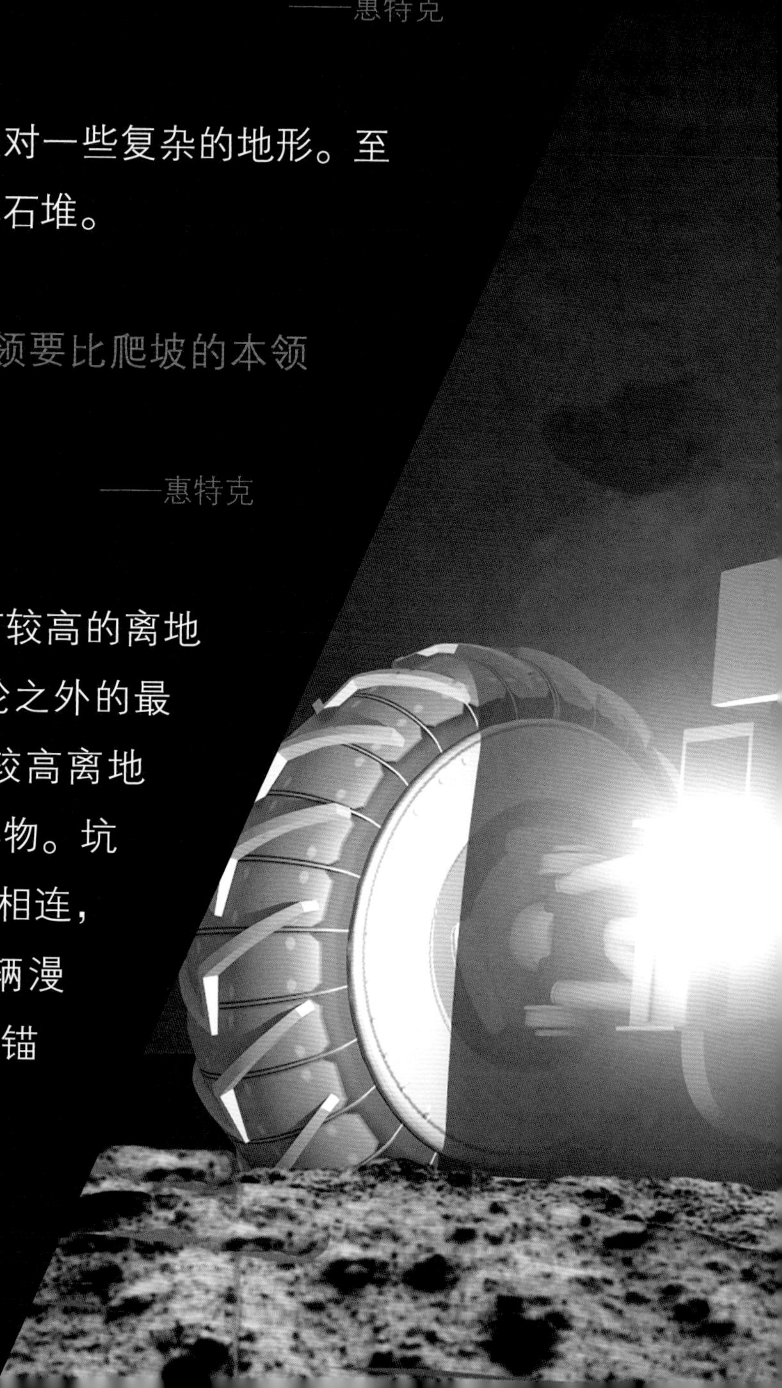

洞穴跳跃者

惠特克的团队也在研究在崎岖地形上或洞穴内跳跃的机器人，因为低引力的外星环境（比如火星和月球）可让机器人更好地跳跃。但是，跳跃机器人也有它的缺点，因为它的运动更加难以控制和预测，这就导致它可能被困住，收集有效数据的难度也会更大一些。

牢固的坑洞漫游车的艺术设想图。

大创意：

溜索

漫游车从碎石成堆的斜坡上爬下去，是一个困难重重的挑战。但是，与从天窗进入巨大的熔岩管相比，可能会简单一些。从天窗进入熔岩管往往会遭遇悬崖，需要用缆绳将漫游车降到几十米深的洞穴中。

惠特克已经开发出一种特殊的机器人用于探索外星洞穴。他称之为溜索机器人，因为它利用了登山所用的溜索。登山者常用溜索穿越峡谷。溜索可以横跨峡谷，固定在峡谷两端，登山者吊在溜索上并沿着缆绳移动。

溜索机器人也是吊在溜索上，沿着溜索移动。不过，这根溜索的一端固定在着陆器上。溜索另一端载着机器人下降到洞底，机器人将溜索固定在洞底。然后，机器人就可以沿着溜索移动，从半空中观测洞穴。

溜索可让机器人对洞穴内部进行详细的观测。机器人可以沿着溜索任意移动，从多个角度拍摄洞穴图像。溜索甚至可以帮助卷扬机（用卷筒缠绕钢丝绳或链条提升或牵引重物的小型起重设备）把仪器送到洞底。卷扬机也可以把漫游车送到洞底。

在这幅艺术设想图中，爬壁机器人正在攀登火星上的悬崖。

爬壁机器人

研究人员也在研发能够爬壁的机器人，让它们可以像壁虎那样在墙面和天花板上随意攀爬。目前设计的爬壁机器人尚不能进入外星，但将来还是有望去外星探索洞穴。

惠特克对科技的兴趣是妈妈帮他培养起来的。

> 66 我妈妈总是走在时代的前列。她知道很多科学知识，我小时候从她那里学到了很多。99

—— 惠特克

20 世纪初，妇女在科学和工业中的作用受到极大的限制。但是，当许多男人去海外参加第二次世界大战（1939—1945），给女性进行科学研究带来了新的机遇。

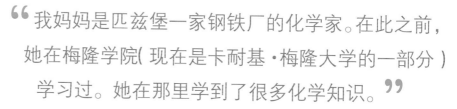

> 66 我妈妈是匹兹堡一家钢铁厂的化学家。在此之前，她在梅隆学院（现在是卡耐基·梅隆大学的一部分）学习过。她在那里学到了很多化学知识。99

—— 惠特克

惠特克的妈妈曾经和他人共同发明了用于牛奶纸盒的防水蜡，并获得专利。

"我妈妈是个与众不同的人。她甚至还当过飞行员。"

——惠特克

她曾经做过派珀飞机公司（位于美国宾夕法尼亚州）的飞行员。

在这张拍摄于 1941 年的照片中，派珀飞机公司的女飞行员向长官敬礼。

第四阶段：地下勘探

无论是让漫游车从坑洞的斜坡上行驶下去，还是利用卷扬机将它从天窗放下去，都是为了让漫游车进入地下洞穴。为了继续探险，漫游车需要一些特殊的能力。首先，它必须能够具有在复杂且未知的地形上的导航能力。其次，它还需要能量来源。对惠特克的研究团队来说，如何确保漫游车有足够的能量，面临着不少新的挑战。

> **❝** 在探险过程中，所有一切都需要能量。漫游车转动轮子、利用传感器观测、进行电脑运算或传输数据，所有这一切都需要能量。**❞**
>
> ——惠特克

大多数漫游车能从太阳那里获得能量，使用被称为太阳能帆板的装置将阳光转化为电能。航天专家都喜欢太阳能，因为这是在太空中最容易获得的一种能源。

> **❝** 然而，在黑暗的洞穴里，没有阳光为漫游车提供能量。因此，它将不得不携带储能装置。**❞**
>
> ——惠特克

第一批洞穴漫游车很可能由蓄电池来提供能源。它们得不时地返回洞口，利用阳光为蓄电池充电。即便如此，它们也必须尽可能地节约能源。它们不得不在黑暗中工作，只有利用常规的灯光或**激光**来照明，才能观测到周围的情况。

如果洞壁妨碍了漫游车和外界的通信，这就有些麻烦了。科学家已经提出了解决这个问题的几种方法。为了接收指令或发送数据，漫游车可能不得不返回洞口。或者，漫游车可以拖着一根电缆前行，电缆和洞外的着陆器相连。这根电缆既能为漫游车提供电能，也能作为通信数据线，但是电缆可能会缠在石头上，可能会打结，长度也有限，这将会大大限制漫游车的机动性。还可以让溜索机器人或着陆器留在洞口，作为漫游车和外界通信的中继站。

科学家需要与漫游车进行通信，以便控制它们的行动。然而，科学家和漫游车的通信受到很大的限制，因此漫游车必须能够自行操纵和决策。

回馈地球：

太空研究的成果和创意也可用到地球上。

美国国家航空和航天局为什么要投入大量资金到太空研究中？其中一个理由是这种研究可以为生活在地球上的人们带来实际的利益。比如，用于外星探索的机器人也可以为我们现实生活提供各种实用的服务。惠特克设计的洞穴机器人可以用于检测和维修下水道系统，也可以在采矿业中发挥更大的作用，避免每年数以千计的人因矿难而丧生。

大创意：
在黑暗中观测

> 66 如何用较少的能量在黑暗中看到周围环境？我们举例来说明：如果不用持续照明的光源，你可以用闪光灯拍照。99
>
> ——惠特克

在复杂的洞穴环境中，照片上的不同区域在细节上会有所差异，这取决于被拍摄的区域与相机的距离。

> 66 非常接近相机的地方会有些发白，因为它反射了过多来自闪光灯的光。越过这片区域，相对来说就清晰得多，也能更好地看到一些细节。然后在更远的地方，你可能什么也看不见，那里因闪光难以照到而依然一片黑暗。99
>
> ——惠特克

为了让拍出来的照片显示更多的细节，你可以通过控制曝光时间的长短来解决这个问题。

> "使用闪光灯，你还可以控制快门速度来获得不同曝光程度的照片。如果你选择长曝光拍摄，那么远处那些较暗的景物也会在照片上呈现出来。如果你选择拍摄快照，那么近处的景物将会清晰地呈现出来。"
>
> ——惠特克

把那些曝光时间有所差异的图像放在一起观察，我们就可以看到不同距离景物的特征。

> "在同样的照明条件下，我们可以拍摄 20 张不同曝光时间的照片，然后将这些照片在电脑上合成一张图像。这样，我们就可以把不同景深的图像堆积在一起。这就是我们花较少的能量来看得尽量远的一种方法。类似的观测技巧我们还有很多很多。"
>
> ——惠特克

这是美国夏威夷一处熔岩管的内部照片，是用 3 张曝光时间不同的照片合成的。

发明者的故事：
业余经营农场

发明家并非把所有时间都花在实验室里。他们也像我们一样，有自己的业余爱好和兴趣。而惠特克的业余爱好是经营农场。

> 66 我拥有一家养牛场。我在那里养牛，并且种植牛所需的植物。我的农场在美国宾夕法尼亚州，主要种植玉米、燕麦、大麦，当然还有大量的草地。我会把一些青草晾晒成干草。99——惠特克

在自己的工程师职业步入正轨之后，惠特克开始在业余时间经营农场，因为当时他突然意识到自己失去了和大自然的联系。

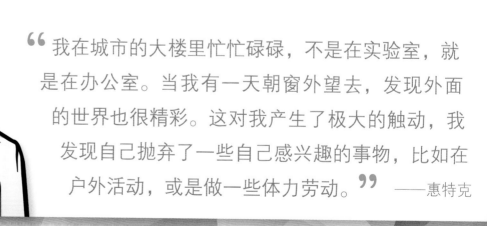

> 66 我在城市的大楼里忙忙碌碌，不是在实验室，就是在办公室。当我有一天朝窗外望去，发现外面的世界也很精彩。这对我产生了极大的触动，我发现自己抛弃了一些自己感兴趣的事物，比如在户外活动，或是做一些体力劳动。99——惠特克

在考虑了几种可选择的业余爱好之后，惠特克决定尝试农业。他最初只是想当 10 年的农场主，而在 25 年后，他仍利用业余时间在自己的农场上忙碌着。

为什么研究洞穴

科学家们想探索外星洞穴的原因有很多，其中一个原因是洞穴可以提供相当原始的（干净的、尚未有人接触的）环境。

> 许多人没有意识到月球上的粉尘有多厉害。月球表面覆盖着厚厚一层特别细碎的粉尘，它可以黏附在一切物体上。它甚至可以钻入探测器内部，也可以通过接缝处渗透到航天服的内部。
>
> ——惠特克

由于月球几乎没有大气，微陨石源源不断地轰击月球表面，生成大量细碎的尘埃。而在地球上，这些微陨石在穿越大气层时就被燃烧殆尽。在被微陨石长年累月轰击之后，月球表面形成厚厚一层粉末，那就是月尘。因为月球上没有风，月尘一旦生成，就会固定在一个地方，而不会四处飘散。

> 如果你深入到月球洞穴，你就会发现那里很可能没有灰尘，因为它形成的时候没有灰尘，后来也没有灰尘吹进来。那么，它们可能就是一处纯净无尘的所在吗？如果真的如此，那么这些洞穴很可能就是月球上仅有的无尘之地。
>
> ——惠特克

火星上的洞穴更令人着迷，因为科学家可能在那里找到水。

因此，洞穴探险家可能在火星上找到水。科学家们还认为，火星环境或许曾经滋养过生物。如果火星曾经有生命，那么当地表环境变得恶劣之后，它们很可能转移到地下继续生存。虽然可能性很小，但是洞穴探险家还是可能发现火星曾经有生命的化石证据，甚至可能发现仍然存活的洞穴生物。

科学家还希望用无人机进行探测。无人机也可以作为未来外星洞穴探险的一种工具。虽然火星上空气稀薄，但是它还是能够承载特殊设计的飞行器。科学家正在试验一种喷气式无人机，它采用一种和火箭发动机原理差不多的喷气发动机。这种无人机可以探测外星洞穴，甚至可以飞入洞穴中进行探险。由于这种无人机可以靠喷气来提供升力，它就可以在几乎没有大气的月球上飞行，并收集有用的数据。

长翼无人机（见左图），很可能将来有一天能在火星的稀薄大气中飞行，并探测火星的表面。

大创意：

未来移居外星洞穴

研究洞穴的最令人兴奋的原因之一，是洞穴可以成为航天员未来的住所。

❝ 很久很久以前，我们的祖先就是穴居人，住在洞穴里有很多好处。❞

——惠特克

洞穴成为我们的远古祖先在当时环境下的庇护所。同样，航天员未来要抵御极端的酷热和寒冷，也需要住在洞穴里。

❝ 在月球表面，白天比烤箱热，晚上比冰箱冷。但是，如果你在月球洞穴中居住，温度相对恒定，多数情况下会有相对舒适的感觉。❞

——惠特克

住在洞穴里，你也不用担心会遭到微陨石的轰击。

❝ 人们要飞离地球探索外星，最大的挑战是来自于太阳风暴的辐射。很幸运的是，在 20 世纪 60 年代和 70 年代，没有发生太阳风暴。那时，航天员多次乘坐飞船飞向月球，并成功登月。❞

——惠特克

住在洞穴里可以保护航天员在月球和火星上免受来自太阳风暴的辐射。

外星洞穴探险仍然是一种需要不断发展和完善的创意。但是，洞穴探险的前景还是很诱人的，因为人们几乎每天都会发现新的外星洞穴。

在遥远的未来，一些像美国 GRAIL 任务所发现的月球洞穴那样的大型洞穴，很可能成为外星移民者的永久家园。这将真正激励探险家对外星洞穴的探索。

> 地面上的一个大坑离洞穴究竟有多远？如果没有机器人进入，我们是难以确定的。如果它们可以进入，将极大地推动未来的太空探索。

——惠特克

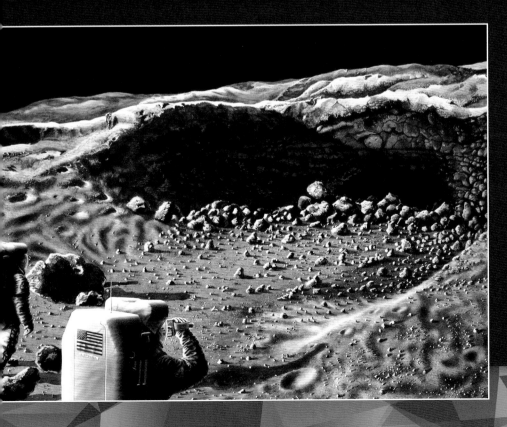

在这幅艺术设想图中，航天员在月球上探索洞穴。这样的洞穴将来可能成为月球移民的家园。

威廉·惠特克和他的团队

威廉·惠特克和他的机器人研究团队成员。

词汇表

太阳系　银河系中以太阳为中心的天体系统，包括太阳、八大行星及其卫星和不计其数的其他天体。

地形　通常指陆地表面的自然特征。

漫游车　一种在外星表面滚动行驶的探测器。

工程师　利用科学原理设计物体结构，如设计桥梁、摩天大楼、机器和各种各样的产品的人。

太阳能　太阳辐射所发出的能量。在太空探索中，通常利用太阳能帆板将阳光中的能量转化为探测器所需的电能。

陨石　从天外飞来的物体。可能是一块石头，也可能是一块金属。一个天外物体飞入一个星球的大气层，并没有燃烧殆尽，降落在这个星球的表面，此时它才能被称为陨石。

分辨率　仪器观测或图像显示景物细节的能力。比如，一幅图片分辨率越高，图片的清晰度就越好。

质量　表示物体中含有物质多少的物理量。大自然中的所有物体都是由物质构成。

着陆器　一种设计用于降落在外星表面的航天器。

激光　一种能量强大、亮度很高的人造光。

更多信息

想了解更多关于洞穴的知识吗？

Worlds Beneath Our Feet. Natural Marvels. World Book, 2017.

想建造自己的漫游车吗？

Mercer, Bobby. *The Robot Book: Build & Control 20 Electric Gizmos, Moving Machines, and Hacked Toys.* Science in Motion. Chicago Review Press, 2014.

想了解如何摄影吗？

Honovich, Nancy and Annie Griffiths. *National Geographic Kids Guide to Photography: Tips & Tricks on How to Be a Great Photographer From the Pros & Your Pals at My Shot.* National Geographic Children's Books, 2015.

像发明家一样思考

想象一个外星洞穴的内部。这个洞穴的地面是粗糙的还是光滑的？洞穴里有水还是冰？有巨石或其他障碍物吗？一旦你充分考虑了这个洞穴的所有特征，设计一辆可以在洞穴中顺利前进的漫游车。

致谢

下列机构、个人、公司、图书出版单位为本书提供了照片及其他插图，书中出现的每一幅插图所对应的页码均列在提供单位和个人的前面。

封面	Astrobotic Art by Mark Maxwell
4–5	NASA/Goddard/Lunar Reconnaissance Orbiter
6–7	© J. Helgason, Shutterstock
8–9	© Shutterstock
10–11	ESA/L. Ricci; © Michael Noble Jr., AP Photo
13	© Benjaminjk/iStock
14–15	NASA/GSFC/Arizona State University; NASA/JPL–Caltech/Arizona State University;NASA/JPL/University of Arizona
16–17	NASA
18–19	NASA/GSFC/Arizona State University
20–21	NASA/JPL–Caltech/MIT/GSFC
23–25	Astrobotic Art by Mark Maxwell
27	Public Domain
28–29	Astrobotic Art by Mark Maxwell
31	NASA
33	© Bettmann/Getty Images
34–35	© Shutterstock
37	© Andre Nantel, Shutterstock
39	© Shutterstock
40–41	NASA/JPL/University of Arizona; NASA/Dennis Calaba
43	NASA
44	© Carnegie Mellon University

图书在版编目（CIP）数据

外星洞穴探险者 ／（美）杰夫·德·拉·罗莎著；
杨先碧，徐娜译．—上海：上海辞书出版社，2018.8
ISBN 978 - 7 - 5326 - 5157 - 3

Ⅰ．①外… Ⅱ．①杰… ②杨… ③徐… Ⅲ．①天体 —
溶洞 — 普及读物 Ⅳ．① P1 - 49

中国版本图书馆 CIP 数据核字（2018）第 158094 号

外星洞穴探险者 wài xīng dòng xué tàn xiǎn zhě

〔美〕杰夫·德·拉·罗莎 著 杨先碧 徐 娜 译

责任编辑 董 放
封面设计 梁业礼

出版发行 上海世纪出版集团
上海辞书出版社（www.cishu.com.cn）
地 址 上海市陕西北路 457 号（200040）
印 刷 上海雅昌艺术印刷有限公司
开 本 890 × 1240 毫米 1/16
印 张 3
字 数 40 000
版 次 2018 年 8 月第 1 版 2018 年 8 月第 1 次印刷
书 号 ISBN 978 - 7 - 5326 - 5157 - 3 / P · 18
定 价 25.00 元

本书如有质量问题，请与承印厂联系。T: 021 - 68798999

OUT OF THIS WORLD

走 出 这 个 世 界

认识美国国家航空和航天局发明家**杰弗里·兰迪斯**和他的

金星漫步者

LAND-SAILING
VENUS ROVER

[美] 杰夫·德·拉·罗莎 著

吴艳萍 译

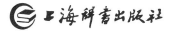

上海辞书出版社

目　录

词汇表　第45页为术语词汇表。词汇表中的术语在正文中第一次出现时为粗体。

引言

当你看着夕阳方落，或者黎明旭日未升
时的天空，在紧贴地平线之处，你会见
到一颗夺目闪亮的星星。那颗星星其实
是一颗行星——金星。与太阳系中的其
他行星一样，金星也是靠反射太阳光才
会发亮的。但是金星看起来要比其他几
颗行星更明亮。部分原因在于，它比其
他行星离地球更近。

在宇宙的关系网中，金星似我们的隔壁
邻居。所以我们应该能知道很多关于这
颗行星表面的事情。毕竟，人类已经往
比金星远上一倍的火星上发射了几十个
探测器。每年，环绕在火星轨道上的**轨
道飞行器**都会发回一些激动人心的火星
景观图像。而登陆火星表面的**着陆器**和
漫游车们，甚至已经挖掘过火星上的泥
土，并钻探了那里的岩石。

夜空中，除了月亮，最明亮的就数金星了。

尽管离地球如此之近，可是对人类来说，金星大本上依然保持着神秘。为什么我们对这个邻居不能了解得更多些呢？从金星的轨道上探究这颗星球是很困难的，因为它被一层密不透风的厚厚云雾覆盖着。轨道飞行器需要使用专业设备，比如雷达，才能穿透烟雾。未来可能的着陆器面临的问题更多。那些稠密的云雾是酸性的，会破坏探测器所在的飞船。云雾下面的高温高压环境也会把着陆器融化掉、压碎掉。

确实也有少量着陆器已经被发射到金星表面去了。因为面临着极端的环境，即便是最耐久的着陆器也只在登陆后运行了约两个小时。我们该怎样去研究一颗会把我们的探测设备瞬间摧毁掉的行星呢？

科学家杰弗里·兰迪斯立志克服这些困难。兰迪斯正在设计一款新型探测器，它不仅仅是一部着陆器，还是一台漫游车，可以在金星表面开展更大范围的探测活动。兰迪斯设想中的这个家伙不仅可以在金星表面的极端环境中生存，甚至还能利用这种环境。他的探测器可以利用稠密大气层中的风，实现环绕金星表面的航行。

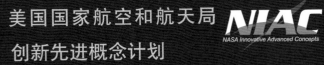

美国国家航空和航天局
创新先进概念计划

"**走出这个世界**"系列丛书的主题，聚焦那些从美国国家航空和航天局成立的组织中获得大量拨款的项目。美国国家航空和航天局创新先进概念计划（NIAC）为致力于在空间技术中进行大胆创新研发的团队提供资金支持。你可以访问NIAC的网站 www.nasa.gov/niac 获取更多资讯。

认识杰弗里·兰迪斯

❝ 大家好，我是一名科幻小说家，也是位于俄亥俄州克利夫兰的美国国家航空和航天局格伦研究中心的一名科学家。很多年来，我都在为探索火星表面的漫游车研制项目工作。现在我希望能利用风去探索一个更具挑战性的环境——金星表面。❞

目标：金星

太阳系中，金星是地球的邻居之一。它是离太阳最近的第二颗行星，地球则是第三颗。没有哪颗行星比金星离地球更近了。当它处于近地点时，距地球只有3820万千米远。

金星的尺寸几乎和地球相同。这两颗行星的表面都遍布岩石和厚厚的大气层。它们的质量大体相当，并且地心引力也相近。

尽管和地球有许多相似之处，金星却是太阳系里众多特异环境的所在之一。金星大气层主要由**二氧化碳**组成，比其他行星上的大气层都要重。而二氧化碳占地球大气层的比例只有不到1%。金星的大气层极端干燥，只含有少量水汽，并且还以拥有浓密的硫酸云为其特色。

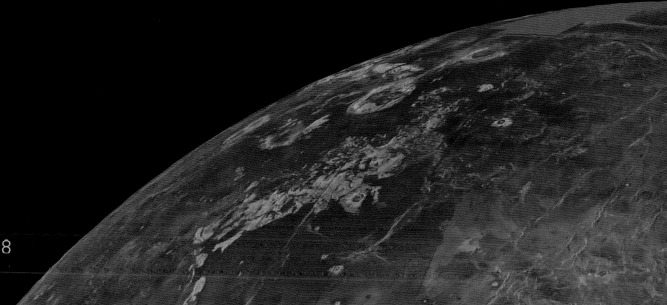

金星表面非常热，也十分干燥。那里没有液态的水，因为高温会把水烧干。我们所知的关于金星表面的情况，主要是通过宇宙飞船上的雷达测量获得的。这些测量结果显示金星表面包含多种不同的地貌。三分之二的表面是低洼地与和缓的平原。平原上散布着数以千计的火山。剩下的地方则以山地、峡谷为主。

与太阳系中的许多固体行星一样，金星表面也有标志性的**陨石坑**。陨石坑是由类似流星等物体撞击地面所形成的碗状地带。固态行星表面的那些陨石坑通常是在漫长的岁月中逐渐积累的。但是金星上的陨石坑比月球、火星以及水星上的要少得多。这很可能表明金星表面相对而言还很年轻，只有约十亿年这么久。还有一种可能，这颗行星已经被火山活动改头换面过，旧的陨石坑已经被抹除了。火山活动可能直到今天还在持续。

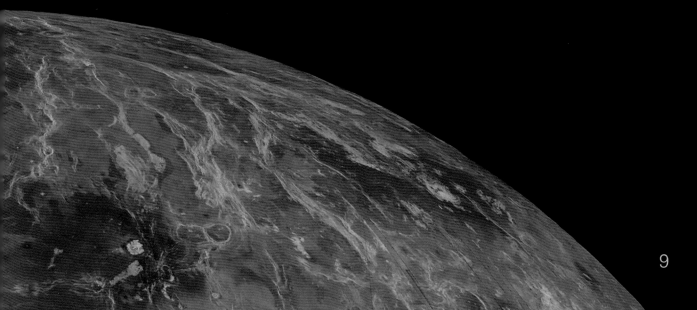

发明者的故事：

火箭侠

兰迪斯年轻时，通过参与制作火箭模型培养了自己对科学和探索宇宙的兴趣。

> **"** 在高中时，我开始设计并制造火箭模型。我基本上沉迷其中，花在火箭上的时间比花在学校功课上的还要多。**"**

——兰迪斯

火箭模型和真实太空火箭的飞行方式相同。但是火箭模型的质量只有不足 1.5 千克，而且它们的长度往往也只有 20 到 61 厘米。

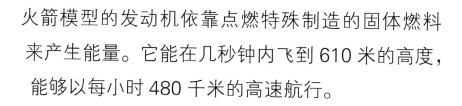

火箭模型的发动机依靠点燃特殊制造的固体燃料来产生能量。它能在几秒钟内飞到 610 米的高度，能够以每小时 480 千米的高速航行。

很多年轻人和成年人把发射火箭模型作为一项业余爱好。很多火箭专家就是用从业余商店购买的工具设备制造了人生中的第一枚火箭。

> ❝ 在我的学校有一个火箭模型俱乐部。作为一个青年人，那些和我在俱乐部共事的人是激励我的最大力量源泉。❞
>
> ——兰迪斯

兰迪斯正在组装一台火箭助推滑翔机。

地方火箭模型俱乐部可以由任何组织建立，比如学校或者青年团体。这些俱乐部拥有自己的发射系统和其他设备。许多俱乐部会为自己的成员举办火箭模型比赛。

有些国家也有国家级的火箭模型组织。他们负责制定安全规范、给达到标准的火箭模型发动机颁发许可、出版书刊、批准建立地方俱乐部。美国的国家级火箭模型组织是位于艾奥瓦州马里恩的美国国家火箭技术协会 (NAR)。

了解更多信息请访问 http://www.nar.org /model-rocket-info/

恶劣的环境

金星上有着太阳系中最糟糕的天气。它比地球热得多，还有毁灭性的浓稠大气层。具有破坏威力的酸雨不时地降临星球表面。这些环境导致人类很难使用着陆器研究金星。

金星大气层浓到不可思议。大气层是由各种气体组成的。仔细想想地球的大气层——空气。空气相当地轻盈，而且时时围绕着我们。于是我们几乎忘了空气也是有重量的，然而它确实是有重量的。所有这些气体会给地球表面的每个物体施加一个压强，叫作**地面气压**。金星上的地面气压是地球上的 90 倍。

> **"** 金星表面有着太阳系中最恶劣的环境。那儿的气压非常高,大气层是有腐蚀性的,而且表面温度也高到离谱。**"**
>
> ——兰迪斯

> **"** 那儿的地面气压比地球上水下 800 米深处的压力还大。**"**
>
> ——兰迪斯

作为对照,人类的潜水员在没有保护措施的情况下,很难在水下超过 30 米的地方生存。但是所有这些关于压强的事都无法和金星上的气温相提并论。

金星表面温度可以达到约 465 摄氏度，比太阳系其他各个行星表面的温度都高。相比之下，地球上有史以来记录的最高气温只有 56.7 摄氏度，地点是在美国西南部沙漠地区的死亡谷。金星上的高温足以把铅熔化。

为什么金星上会这么热？水星是离太阳最近的行星，但是金星表面的温度比水星表面还高。大多数科学家认为金星不同寻常的高温是**温室效应**造成的。普通的温室通过让阳光射入、又阻挡热量散失的方式保持温暖。金星上厚厚的云层和稠密的大气也起到了同样的作用。太阳光中的能量能够透到行星表面上来，但是大气中的二氧化碳和硫酸微粒会阻止大多数太阳能的散失。

在这张宇宙飞船拍摄的合成图中，金星从太阳前面经过。

> 66 金星表面比家用烤箱里面还要烫得多。 99
>
> ——兰迪斯

那些曾安全着陆金星的航天探测器都属于**苏联**金星探测计划的一部分。

金星探测计划包括在 20 世纪 60、70 和 80 年代发射的几十个探测器。其中一些探测器只是飞掠过金星而已，另有一些则运行在环绕金星的轨道上。还有几次金星探测任务包含了着陆器。

1970 年，金星 7 号着陆器首次登陆金星。由于极端的高温高压环境，探测器触地后只维持了 23 分钟。金星 9 号着陆器在 1975 年发回了第一张金星表面的照片。

> **"** 极端的高温、高压以及硫酸的共同作用，让探索金星表面变得非常困难。**"**
>
> ——兰迪斯

金星上的金星7号着陆器。稍后的金星9号探测器拍摄了第一张金星表面的照片。

VEHEPA-9 22.10.1975 ОБРАБОТКА ИППИ АН СССР 28.2.1976

17

到现在为止该计划中最成功的着陆器是 1982 年登陆的金星 13 号。探测器的着陆点位于金星南半球的一片宽阔平原。金星 13 号发回了第一张金星表面的彩色照片。金星 13 号陆续发回的那些引人入胜的照片大部分都是关于着陆点周围地面情况的，照片展示的是一整块平地残破的地貌。那儿曾经是岩石板或者是由细小颗粒构成的坚硬地壳。两天之后，她的姊妹飞行器金星 14 号登陆。

金星 13 号设计时只打算在登陆后运行 30 分钟。然而这个探测器在金星表面却持续工作了 2 小时零 7 分钟。它总共拍下了 14 张彩色照片和 8 张黑白照片，还对着陆地点的泥土进行了钻探，并发现了一种类似地球上的灰尘被压紧后的结构。

金星上可能存在生命吗？所有在地球上发现的生命类型都不可能在金星表面生存，这主要缘于极端的高温。地球上不管怎样仍有一些特定的微生物生活在云层中。虽然不太可能，不过一些天文学家还是认为类似的微生物也可能生存在金星云层的顶端，那里的温度较为温和，只有 13 摄氏度。

苏联工程技术人员
正在装配金星13号
探测器，它随后将
前往金星，并拍摄
了第一张金星表面
的彩色照片。

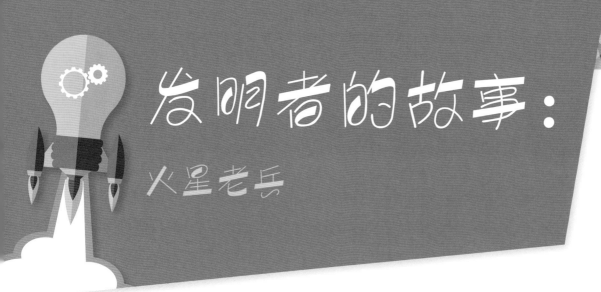

发明者的故事：

火星老兵

在兰迪斯把注意力转向金星之前，他参与过两个具有里程碑意义的火星漫游车项目。

> " 我一到美国国家航空和航天局，就被派去设计给航天任务提供动力的**太阳能电池**。我是从参与设计所有需要动力的东西起步的，然后转而去为将要在火星上运行的动力系统工作，就这样我参与了火星探路者号计划。"

——兰迪斯

火星探路者号是美国在 1997 年实施的项目，在将近三个月的时间里从火星表面收集了许多图片以及其他各种数据。在火星着陆后，探路者号释放了索杰纳号火星漫游车。这是一台小型的六轮机器人，能够分析火星上的岩石和土壤。探路者号计划共为地球上的科学家们发回了超过 16500 张图片，其中有一些景色壮丽的照片，都是关于火星表面、火星的卫星以及从火星上看到的太阳等景色。

兰迪斯随后继续为美国的火星探测漫游车项目工作，它们后来都在 2004 年登陆火星。这些高尔夫车大小的漫游车原本设计的运行时间是 90 天。其中一辆称作"勇气号"的漫游车，在火星上持续探索超过了五年。另一辆机遇号坚持了更久。到 2016 年，机遇号已经行驶了超过 43 千米，相当于一场火星的马拉松。

勇气号和机遇号发回了关于火星地表特征的详细图片。它们提供了关于火星表面曾被液态水大范围覆盖过的第一份有力证据。结合其他探测器获得的数据，这些探测任务帮助科学家们对火星的历史作出了更详细的描述。

兰迪斯在机遇号漫游车模型旁。

漫步金星

考虑到那时的应用技术水平和金星表面恶劣的环境，金星 13 号获得的 22 幅照片以及其他数据已经算是相当引人注目的成果了。但是和火星漫游车项目收集到的海量信息相比，这些收集到的数据又显得太微不足道了。

科学家们正在寻找更多了解金星及其历史的途径和方法。比如，有科学家认为金星曾经更像地球。几十亿年前，金星上也许存在过海洋。金星的气候可能也曾和地球的气候一样。金星上是不是曾有过比现在更多的水？假如真是这样，那么这些水又去哪儿了？想要回答这样的问题，科学家们就需要了解更多关于金星表面的事情。

> 通过火星漫游车，我们已经知道了很多关于火星的情况。勇气号和机遇号在火星上到处转悠，传递给我们大量关于这颗行星的信息。在让我们了解火星这件事上，火星漫游车的效率奇高。我们想在金星上复制同样的成功。
>
> ——兰迪斯

忍受高温

了解金星的最好方式就是送一位机器人地质学家——漫游车——到金星表面去勘探。地质学家是专门研究岩石、土壤、山脉、火山，以及其他地形地貌的科学家。但是如果想让漫游车彻底改变我们对金星的认识，那么它必须在金星表面的恶劣环境中生存个把小时以上。

对科学家们而言什么才是最大的挑战呢？金星上毁灭性的、或者说有腐蚀性的大气可能算是一种挑战，但这还不是最大的问题。工程

66 请记住金星表面的气压相当于地球上海面以下 800 米处的压力。人类在这样的环境中可能会感觉不适，不过潜艇通常就是在那种深度运转的。**99**

——兰迪斯

师们在耐腐蚀材料的设计方面有过大量的实践。金星表面的极端气压也并非是不可逾越的困难。工程师们知道该如何密封以及加固漫游车，使其能对抗高压。

勘探金星过程中所面临的最大障碍是高温。

工程师们当然懂得该怎样建造可以承受金星上灼热高温的金属漫游车部分，但是他们还必须解决如何保护车上敏感的**电子器件**这个问题。

> 还从来没有人尝试过建造我们正在讨论的这款漫游车。它要在非常高的温度中运行，这也许就是最大的挑战。
>
> ——兰迪斯

大创意：

耐高温电子器件

电子器件是指由电脑操纵的电动设备，它能帮助航天器完成自己的工作，包括飞船上用于测量的传感器，以及引导飞船操作的控制系统。电子器件还能驱动通讯系统把飞船收集到的数据传输给地球上的科学家。

电子器件的问题在于它们往往应付不了高温。现代电子器件常常依赖**集成电路**。而集成电路的核心是半导体材料，通常是用硅制成的。集成电路板上面要蚀刻被称作电路的细微线路。这些电路通过传输和分拣被称作电子的带电微粒进行工作。

当集成电路的温度升高时，硅的电阻也会随之上升，这就使得电子的流动变得越发困难。硅的电阻升得越高，集成电路就越不能有效地工作，甚至还可能彻底失灵，因为极端高温会把集成电路板也一起毁掉。

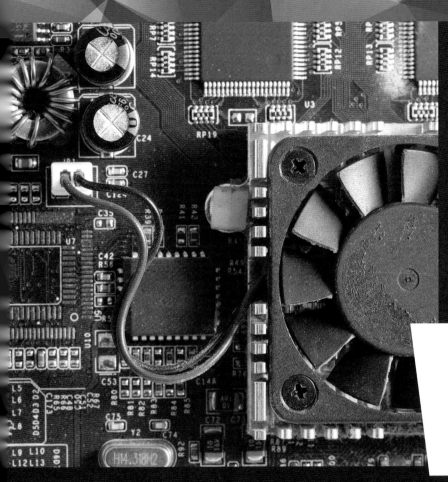

工程师们运用风扇或者其他冷却系统使地球上的电子器件保持冷却，但是这样的系统无法在金星的高温环境下运转。

> **"** 硅在过热的状态下根本无法工作。**"**
>
> ——兰迪斯

在地球上，电子器件过热的问题可以通过冷却系统来处理。冷却系统是用来消除多余热量的设备，可以帮助电子器件保持冷却。但是冷却系统可能太重了，还会消耗很多能量。这些问题使得冷却系统不适合应用在航天任务中，因为它必须减重，而且也没有那么多的能量可以给它用。冷却系统还可能会失灵，这也许将导致飞船损毁。然而科学家们已经在努力解决这个难题了。

大创意：

耐高温电子器件　续

格伦研究中心的工程师们正在开发一款能在高温环境下持续运转的集成电路，而不是继续依赖冷却系统。这些集成电路板被设计成可以在电阻升高的情况下正常运转，而且不会失灵。它们也是用半导体材料制成的，只不过用的是耐热性比纯硅更好的材料，譬如碳化硅等。

> ❝ 在美国国家航空和航天局格伦研究中心，我们现在拥有一个实验舱（一个封闭空间）叫作格伦极端环境设备（简称 GEER），在那里能模拟类似金星表面的环境。GEER 里是高压、高温，以及充满二氧化碳的大气环境。我们可以在这样的环境下测试电子器件。❞
>
> ——兰迪斯

到 2016 年，工程师们终于设法制造出了可以在最高 350 摄氏度的高温下正常运转的集成电路板。他们还希望能够把集成电路板的耐高温极限推进到更高。然而正如许多工程方面的事情一样，这个解决方案并不完美。

回馈地球

一位工程师正在使用可以复制金星表面环境的格伦极端环境设备。

来自太空的创意也可以服务于地球上的我们。

人们之所以要资助太空研究，原因之一就是它能造福地球上的日常生活。与金星漫游项目正在研制的耐高温电子器件相同的产品，目前也正处在研发中，并将应用于航空领域。

❝ 现在我们能制造的最好的耐高温电子器件大致和 20 世纪 60 年代的硅电子器件一样复杂。不过请记住，即使只依靠 60 年代的技术我们也造出了足够好的电子器件，把航天员送上了月球。❞

——兰迪斯

❝ 我们在格伦研究中心的项目之一就是制造一种可以在喷气式飞机发动机内部的高温环境中工作的传感器。只要这个传感器一运行，我们就能知道发动机内部正在发生的情况。❞

——兰迪斯

发明者的故事：

科幻小说家

> **"** 除了是一名科学家和工程师之外，我还写科幻小说。**"**
>
> ——兰迪斯

兰迪斯是一位高超的科幻小说家。他已经发表了大约100篇短篇小说，还曾荣获雨果奖和星云奖，这是科幻小说领域最负盛名的两大奖项。

> **"** 我喜欢写科幻小说，因为它给我恣意驰骋想象的空间。只要我的想象力愿意，那么我就能去往遥远的未来，或者深入太阳系，想去多远就去多远。**"**
>
> ——兰迪斯

兰迪斯对自己的小说《火星穿越》（2001年）感到特别自豪。这本书讲述了在前两次任务遭遇失败后，第三批乘坐宇宙飞船的船员前往火星探险的故事。

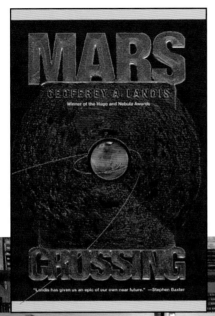

杰弗里·兰迪斯（右下）和同样是科
幻小说家的艾伦·斯蒂尔在签售现场。

前方云雾漫天

耐高温电子器件只是整个拼图的一块而已。为了能在金星表面遨游，兰迪斯的漫游车还需要能源。

66 你不会要一辆连发动机也没有的汽车，同样你也不会要一辆没有能源来驱动轮子的漫游车。**99**

——兰迪斯

让漫游车开动起来需要耗费的能量比运转电子器件多得多。火星漫游车所获得的能量来自太阳系最大的能源——太阳。漫游车使用一种叫作太阳能电池的设备将太阳能转化为电能。工程师们很喜欢在航天任务中运用太阳能，因为太阳能经常是充沛的，而且不需要又重、又危险，或者很昂贵的燃料。

66 但是金星上实在太热了，以致于太阳能电池基本上也处于过热状态。这倒不是说电池完全不工作，而是说它们无法很好地工作。**99**

——兰迪斯

如图所示，金星上厚厚的云层让未来的着陆器很难在其表面利用太阳能。

太阳能电池本质上也是一种电子器件，而且我们也已经知道了这样的设备无法在金星的高温下正常运转。还有，请记住那像厚厚的外包装一样的云层。

只有大约百分之一的太阳光能够成功地穿透云层到达金星表面。此外，云层好像格外擅长阻挡蓝光，而这恰恰是能量最高的光线。太阳能的匮乏让兰迪斯开始考虑一种与众不同的能源。

"我问了这样一个问题：'好吧，那么我们在金星上还有什么资源呢？'金星上还有厚厚的大气层。我们有没有可能利用大气来驱动漫游车呢？好吧，或许我们能。我们也许可以用一面帆给金星上的漫游车提供动力。"

——兰迪斯

大创意：

陆地航行

> **"** 在地球上，人们只建造过很少几种靠风驱动的车辆。实际上人们只是将这些玩意用于体育运动，他们在沙漠里举办了一些风力车赛。还没有人在其他行星上尝试过这种方式。**"**

——兰迪斯

每当想到航行，我们通常会想到船。但是人们也早已利用过风帆动力在陆地上溜达了。在中国古代的典籍中就有对帆力车的描述。最近的是在 19 世纪中叶，美国西部地区的移民试验过"风车"，就是利用北美大草原上充沛的风力驾车在西部的边远地带旅行。

今天，**陆地航行**主要是作为一种休闲娱乐的方式，现代的陆上水手们驾驶着被称作陆上帆船或陆上游艇的小型轮式车辆兜风。20 世纪早期举办了第一次陆地风帆赛。

今天风帆车上的帆不再只是块用来利用风力的布片，它们反而呈现出了一种有点像飞机机翼的特殊形状。当空气流过飞机的机翼，机翼的形状有助于产生一个叫作升力的向上的力。而正是升力让飞机飞了起来。

同样地，当风吹到一面现代的帆上，帆的形状会有助于产生一个推动车辆向前的力。当空气吹过帆，这个力会把风帆车推得越来越快，这样风帆车确实会航行得比风还快。比如，在 2009 年来自英国的陆上水手理查德·詹金斯创造了陆上游艇纪录。在风速为每小时 50 至 80 千米的情况下，詹金斯的陆上游艇达到了每小时 202.9 千米的最高速度。

在这幅来自 20 世纪 10 年代的照片里，有两个人在一辆早期的娱乐型陆上帆船里摆造型。

陆地航行需要大风和平坦没有障碍的地面。因此，陆地风帆赛经常在机场、海滩，以及平地、坚硬的沙漠上举办。

到处转转

陆地航行需要两个主要的必备条件。第一，它需要相对平整的场地。

陆地航行需要的第二样东西就是风。金星大气层中的风速达到了可怕的每小时 370 千米。但是近地面的风速只有约每小时 10 千米。那个速度对于陆地航行来说确实有点慢了。

> **"** 但是请记住，金星上的空气要稠密得多。**"**
>
> ——兰迪斯

想一想火星上的空气吧。火星大气层的密度大约只相当于地球大气层的 1/100。科学家们已经观察到火星上的风以每小时 90 千米的高速狂飙。但是因为火星上的空气如此稀薄，这样的风也就没有多大的力量。

金星上更稠密的空气能够产生更大的力量，或者更大的推动作用，即使是在风速很低的情况下。每小时 3 千米的风速应该就足以驱动 180 千克重的漫游车在一天内前进超过 90 米了。

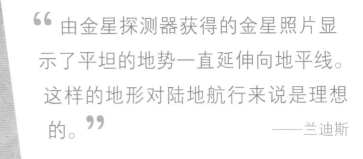

66 由金星探测器获得的金星照片显示了平坦的地势一直延伸向地平线。这样的地形对陆地航行来说是理想的。**99**

——兰迪斯

除了风以外，陆地航行还需要平坦的场地，正如你在这场穿越沙滩的陆地风帆赛中看到的。

风帆漫游车在其他地方也能用吗？金星并非太阳系中唯一有风的目的地。比如，火星上也有风，虽然那里的空气可能太稀薄了，无法实现陆地航行。

> **"** 我们也已经考察了土星的卫星泰坦星。泰坦星是太阳系中唯一拥有大气层的卫星。它拥有十分稠密的大气层，虽然没有金星的那么稠密，但是其密度大约是地球大气层的2.5倍。我们已经开始考虑观察泰坦星，去看看能否在那里操纵帆动力漫游车。**"**
>
> ——兰迪斯

土星的卫星泰坦星是太阳系中最大的卫星之一，而且有可能成为未来陆地航行任务的一个目标。

发明者的故事：
其他兴趣爱好

科学家和工程师们并不会把他们的时间全都花在实验室里。他们就和我们一样也有很多的兴趣爱好。兰迪斯最近学起击剑来了。在剑术比赛中击剑运动员们会使用钝兵器和防护器具。

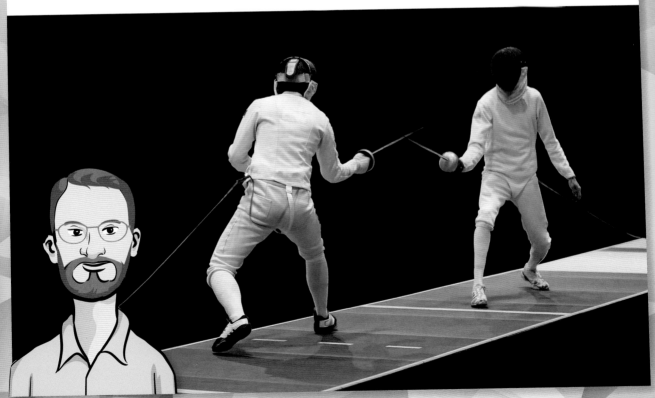

在金星的风里冲冲浪

那么一个金星陆地航行任务可能会是什么样子呢？任务可能同时包括一个轨道飞行器和一台陆地航行漫游车。从地球上发射后，这组飞行器可能需要大约五个月的时间才能进入指定位置，然后这两个装置将会分离。轨道飞行器将进入环绕金星的轨道，而被一种叫作减速伞的防护罩包裹着的漫游车，将会掉进金星的大气层。

> 66 金星上只有部分地区才能让车子畅行无阻，完全没问题。那里是漂亮平整的硬质地面，就像一个巨大的停车场。至少我们会首先瞄准那些看起来行驶车辆非常容易的地方。99
>
> ——兰迪斯

由于金星的大气层十分稠密，因此降落伞应该足以让着陆中的飞行器降低高度，安全抵达地面。一旦飞行器安全着陆，陆地航行漫游车就能从包裹它的包装物里钻出来，展开天线。

天线能够实现漫游车与轨道飞行器的沟通，而轨道飞行器则是金星与地球之间通信的中继站。地球上的操控人员根据发回来的第一张照片决定可能进行探索的目标。然后操控人员就能给漫游车传输命令，让它张开它的帆。

一位艺术家关于陆地航行金星漫游车的初步概念。

66 我们将要在金星上航行啦！多么酷啊！99

——兰迪斯

兰迪斯设计的漫游车携带的不是布帆，而是一个称作翼面的刚性设备。这个8米高的翼面有点类似于一块垂直竖起的飞机机翼。

即使太阳能电池在金星上提供的能量只够驱动电子器件，这个翼面的表面还将会被太阳能电池所覆盖。漫游车携带的仪器工具包括一台照相机、一个钻头，以及一台叫作X射线光谱仪的设备，

> 我们还将证明我们能够探索一个全新的地方，尽管那里极其炎热。我们将宣布高温不再是空间探索的障碍。

——兰迪斯

漫游车获取的图像以及其他数据可能将彻底改变人们对金星的认识。这项任务将帮助我们了解是什么力量塑造了金星表面、使之保持相对年轻状态。它还将带给我们一些关于金星在过去样貌的线索。

为什么要研究金星？因为它和地球是如此相似，却有着截然不同的历史，于是金星就成了人类探索宇宙的一个重要目标。相同的温室效应让金星变暖也让地球变暖。温室效应使全球变暖，在地球平均表面温度的上升中发挥着重要作用。所以研究金星能够帮助我们了解那些塑造地球气候的力量。

> 66 假如金星在早期阶段已经变得糟糕，而且越来越热，那么现在的金星可能是地球的未来。知道事物怎么会变得不同是很有用的。99
>
> ——兰迪斯

43

杰弗里·兰迪斯和他的团队

杰弗里·兰迪斯（第一排，右数第三位）和"空间系统参数评估协作建模（COMPASS）"团队。

词汇表

探测器 为探索天文目标而发射的机器人航天器。

轨道飞行器 在环绕目标星球的轨道上飞行的航天器。

着陆器 用于在目标星球表面着陆的航天器。

漫游车 可以在目标星球表面行驶的航天器。

二氧化碳 一种无色无味的气体，是金星大气层的主要成分。

陨石坑 碗状的坑，或者凹陷，是由像流星这样的物体撞击形成的。

地面气压 由行星上所覆盖的大气层在行星表面产生的压力。

温室效应 指行星大气层中的气体一方面让来自太阳的能量进入大气层，另一方面又阻止行星的热量散失，从而导致行星变暖的效应。

苏联 （苏维埃社会主义共和国联盟，英语缩写 U.S.S.R）世界上首个、也是最强大的共产主义国家。存在于 1922 年到 1991 年。

太阳能电池 把太阳能转化成电能的电子设备。

电子器件 利用电流来运转的设备，如计算机芯片。

集成电路 蚀刻在半导体材料（如硅）上的微型电路，如计算机芯片。

陆地航行 利用风能驱动陆上交通工具（如小汽车等）。

更多信息

想知道更多关于金星的知识吗？

Simon, Seymour. *Venus.* Starwalk Kids Media, 2012.

想知道更多关于航行的知识吗？

Davidson, Tim and Steve Kibble. *Sailing for Kids*. Fernhurst Books, Inc., 2015.

想知道更多关于大气层的知识吗？

Kjelle, Marylou Morano. *A Project Guide to Wind, Weather, and the Atmosphere*. Earth Science Projects for Kids. Mitchell Lane Publishers, 2010.

像发明家一样思考

陆上游艇并非是唯一能利用空气来运动的东西。鸟、飞机和气球都是靠着空气的帮助运动的。请选择一个物体或者一种动物（或者你自己自告奋勇吧），研究如何让它利用空气动起来。然后运用你学习到的在空气中运动的知识，画出你自己的金星探测器。一定要附上一些标签以说明探测器各个部分的构造以及它是如何工作的。

致谢

下列机构、个人、公司、图书出版单位为本书提供了照片及其他插图，书中出现的每一幅插图所对应的页码均列在提供单位和个人的前面。

封面	WORLD BOOK illustration by Francis Lea (NASA/JPL/NSSDCA; John D. Sirlin/Shutterstock)
4–5	Neal Simpson (licensed under CC BY–ND 2.0)
6–7	© travenian/Getty Images
8–9	NASA
11	Geoffrey Landis
12–13	© Stocktrek Images/Getty Images
14–15	Solar Dynamics Observatory/NASA
16–17	Buzz Aldrin's Space Program Manager (SPM)/Slitherine Ltd/Polar Motion;NASA/NSSDC
18–19	© Sovfoto/UIG/Getty Images; NASA/NSSDCA/Russian Space Agency
21	NASA
22–23	NASA/JPL–Caltech/MSSS
24–25	NASA/Goddard Space Flight Center Conceptual Image Lab
27	© Poylov Vladimir, Shutterstock
29	GEER/NASA Glenn Research Center
31	© Starship Century
32–33	NASA/Mariner 10/Calvin J. Hamilton
35	Library of Congress
37	© Andia/UIG/Getty Images
38	NASA/JPL–Caltech/Space Science Institute
39	© sezer66/Shutterstock
41	NASA
42–43	WORLD BOOK illustration by Francis Lea (NASA/JPL/NSSDCA; John D. Sirlin/Shutterstock)
44	Geoffrey Landis

图书在版编目（CIP）数据

金星漫步者 ／（美）杰夫·德·拉·罗莎著；吴艳
萍译 . —上海：上海辞书出版社，2018.8
ISBN 978 - 7 - 5326 - 5158 - 0

Ⅰ . ①金… Ⅱ . ①杰… ②吴… Ⅲ . ①金星 — 普及读物
Ⅳ . ① P185.2 - 49

中国版本图书馆 CIP 数据核字（2018）第 158092 号

金星漫步者 jīn xīng màn bù zhě

〔美〕杰夫·德·拉·罗莎 著　吴艳萍 译

责任编辑　董　放
封面设计　梁业礼

　　　　　　上海世纪出版集团
出版发行　上海辞书出版社（www.cishu.com.cn）
地　　址　上海市陕西北路 457 号（200040）
印　　刷　上海雅昌艺术印刷有限公司
开　　本　890 × 1240 毫米　1/16
印　　张　3
字　　数　40 000
版　　次　2018 年 8 月第 1 版　2018 年 8 月第 1 次印刷
书　　号　ISBN 978 - 7 - 5326 - 5158 - 0 / P · 19
定　　价　25.00 元

本书如有质量问题，请与承印厂联系。T: 021 - 68798999

OUT OF THIS WORLD
走 出 这 个 世 界

认识美国国家航空和航天局发明家**肯德拉·肖特**和她的

宇宙礼花探测器

PRINTABLE PROBES AND
COSMIC CONFETTI

[美] 杰夫·德·拉·罗莎 著

武 鹏 毛燕萍 译

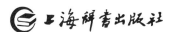

上海辞书出版社

上海市版权局著作权合同登记章：图字09-2018-346

Printable Probes and Cosmic Confetti

目　录

词汇表　第45页为术语词汇表。词汇表中的术语在正文中第一次出现时为粗体。

引言

向火星发射航天**探测器**是一项困难的任务。火星远离地球数百万千米，探测器必须以极高的速度飞行才能在合理的时间内到达，当接近火星时，探测器又必须立即启动减速火箭以防飞过头。探测器降低速度后才能顺利进入绕火星的**轨道**。

如果我们的探测器是一个**着陆器**，它又必须继续减速才能脱离轨道降落到火星上。虽然火星的引力只有地球引力的三分之一，但是仍会使着陆器的降落过程颠簸不已。过去，着陆器降落时常使用**减速火箭**或者降落伞，有些甚至使用了安全气囊。所有这些系统必须经过缜密的工程设计才能防止着陆器上的科学仪器损坏。

机械工程师肯德拉·肖特从一个不同的角度去思考这些问题。肖特设想出一个能从火星的天空中直接降落的、不需要复杂着陆装置的另类着陆器。

想象一下，如果将一个着陆器从高塔上丢下，即使最坚硬的着陆器也会摔成碎片。再想象一下，从同样高度丢一张纸下去会发生什么事情。纸也许会在空中飘飘荡荡偏离目标，但是却有很大的几率完好无损地抵达地表。

一个装备着**减速罩**的火星着陆
器正穿过火星的大气。减速罩
是飞船外一层具有保护性的包
覆物。

不同于传统的宇航探测器，纸张具有柔软和轻巧的特性。肖特致力于开发拥有同样特性的纸张型空间飞行器。同时，相较于其他由精密的手工制造的飞行器，肖特的探测器只需要类似于家用电脑打印机的设备就能制造出来。易于制造、价格便宜、柔软、轻巧，这样的探测器就像婚礼上的礼花一样雨点般地落在火星表面，大量采集这颗红色星球的数据。

认识肯德拉·肖特

❝ 我是在位于加利福尼亚州帕萨迪纳的美国国家航空和航天局喷气推进实验室工作的一名机械工程师，儿童时期我梦想成为一名航天员。现在我致力于开发能打印出来的空间飞行器，帮助人类探索太阳系。❞

美国国家航空和航天局 **NIAC**
NASA Innovative Advanced Concepts
创新先进概念计划

"走出这个世界" 系列丛书的主题，聚焦那些从美国国家航空和航天局成立的组织中获得大量拨款的项目。美国国家航空和航天局创新先进概念计划（NIAC）为致力于在空间技术中进行大胆创新研发的团队提供资金支持。你可以访问NIAC的网站 www.nasa.gov/niac 获取更多资讯。

目的地：火星

火星是太阳系的第四颗行星，是地球最近的邻居。由于这颗星球猩红色的外表，古代西方人使用罗马战神的名字为它命名。现在科学家们知道它的颜色来自于火星地表的岩石和尘土中的氧化铁（一种铁和氧元素的化合物）。地球上也有相同的化合物——铁锈。

在太阳系的所有成员中，火星表面是与地球最相近的。火星上也有山脉、平原、峡谷、火山、冰冠甚至沙尘暴。

从通过望远镜看到火星表面的第一天起，人类就不断想象火星人的生活。但是火星表面并没有生物居住的痕迹。

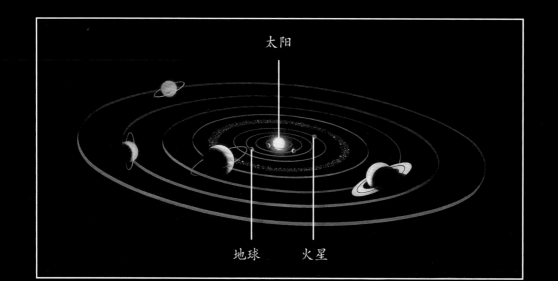

太阳

地球 火星

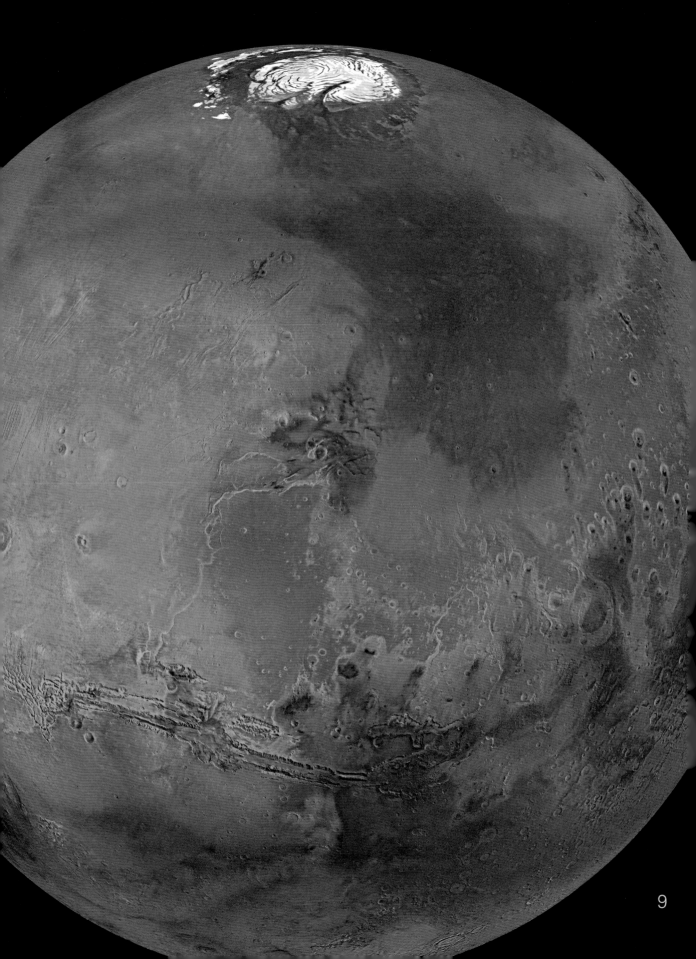

9

火星与地球的几个主要的不同之处造成了这颗红色星球上生命难以生存的环境。尽管火星距离太阳也很近，在太阳系的排序中，距离太阳往外数仅仅排在地球后面，但是它的距离还是相当于地球距离太阳的 1.5 倍。因此，它接收到的阳光更少，这意味着这颗星球更寒冷。火星表面的平均温度为零下 60 摄氏度。

同时，火星质量只有地球质量的十分之一（质量是表示物体中含有物质多少的物理量）。由于质量较小，火星的引力也较小，火星的大气逐渐逃逸到宇宙中去。现在，火星表面的大气压相当于地球表面的百分之一。在如此低的压力下，即使火星表面温度极低，地表的液态水也会迅速蒸发。而水被科学家认为是孕育生命的关键因素之一。

尽管如此，科学家仍旧有理由相信在火星上能够找到生命的存在。有证据显示火星的地表之下存在液态咸水。进一步的证据显示火星的远古时期曾有大量液态水在火星表面流淌，使得那时的火星比现在更有可能孕育生命。尽管现在火星表面生存条件恶劣，如果生命要在火星上发展，它们可能存在于火星地表之下。

科学家们还有另一个理由对这颗红色行星感兴趣——它是人类太空探索的可能目标。将航天员送上火星非常有挑战性，但这是人类进入太空计划的重要环节。

风和古代的水的流动，改变着火星的地貌。

右下图显示了一场火星洪水在火星地表上留下的痕迹。

寻水而来

在地球上，生命遍布我们的目光所及之处。尽管生命难以在寒冷的南极、水下火山的中心或地球大气层的最高处生存，但只要有水的地方，就有生命的迹象。所以，科学家根据在地球上的经验，在太阳系中含有液态水的地方寻找生命。火星正是候选目的地之一。

探索红色行星

多年来，人类发起了 50 多次火星任务。1964 年美国水手 4 号火星探测器成为第一个成功飞掠火星的飞行器。紧接着，美国又发射了水手 6 号和水手 7 号火星探测器。这三个探测器揭开了这颗行星被紧锁的面纱，拍下了坑坑洼洼的火星表面，发回了一幅毫无生机的、貌似月球表面的照片。

1971 年发射的水手 9 号探测器彻底改变了我们对火星的看法。这颗探测器测量了火星表面 80% 的面积，第一次拍摄到了火星上火山和峡谷的照片。它还揭示了诸如水道和山谷等在水流作用下形成的地貌。

1975 年的美国海盗计划，极大地扩展了我们所了解的火星知识。海盗计划包括 2 个卫星和 2 个着陆器。1976 年，着陆器成功地降落在火星表面，近距离拍摄了火星表面，并对火星土壤进行了分析，分析结果显示并没有很强的生命存在的证据。

由海盗1号着陆器拍摄的第一
张火星彩色照片。

自 20 世纪 90 年代中期以来，人类发射了许多火星探测器。这些飞行器携带多种科学仪器来研究火星世界。它们一起帮助科学家们加深对整个火星的了解。

对火星地表的探索始于 1995 年的美国火星探路者计划。探路者着陆器携带了一个名叫"索杰纳"的小型火星**漫游车**。索杰纳比一个滑板大不了多少，总共行走了 300 多英尺（100 多米），探测了许多火星上的岩石。

2004 年，两辆美国火星探测车在火星上着陆。这两个高尔夫球车大小的探测器成了宇宙探索史上最成功的探测器。这两个火星车设计寿命为 90 天，但是其中一辆称作"勇气号"的火星车在行星表面运行了 5 年，另一个机遇号运行时间更长，到 2016 年为止，机遇号在火星上旅行了超过 43 千米。这两个探测器发回了许多展示火星表面细节的照片，第一次证实了火星表面曾经存在大量液态水所覆盖的地区。

2012 年"火星科学实验室计划"携带的一个更大型的火星车好奇号降落在火星上。好奇号继续着勇气号和机遇号的使命，分析火星岩石和土壤以追寻这颗行星历史的蛛丝马迹。

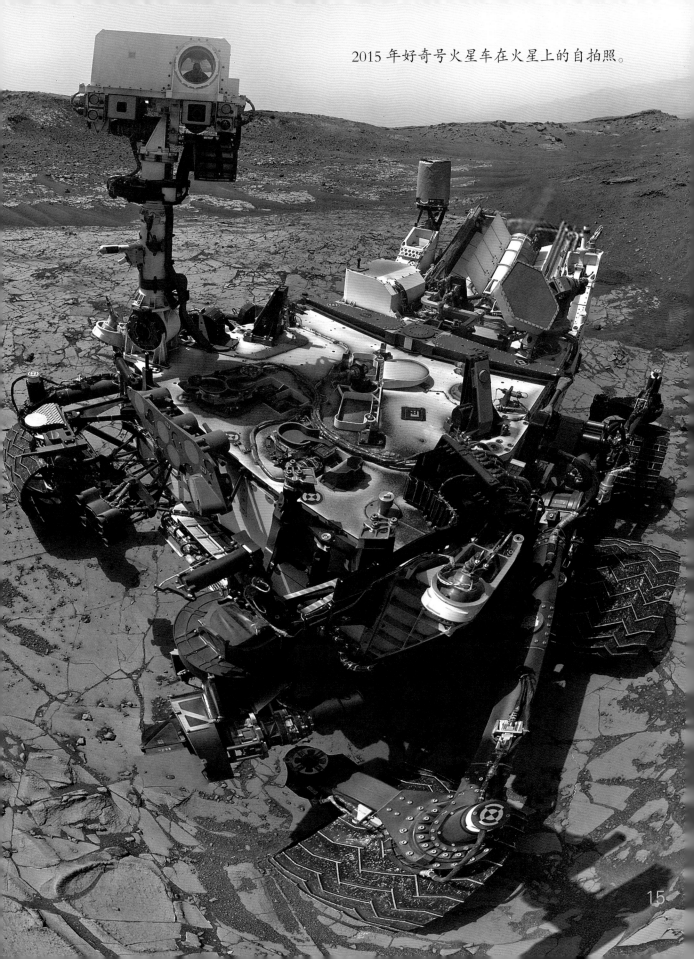

2015 年好奇号火星车在火星上的自拍照。

15

发明者的故事：
航天的梦想

肖特在孩童时期就对科学和数学产生了兴趣。当她三年级的时候，父亲带她参加了一场由当地天文学会组织的望远镜郊游（telescope outing）。

> **"** 我记得通过望远镜看到的土星环。这是我看到的最不可思议的事物。当时我在想，天啊，你能够真切地看到这么远！那儿还有什么呢？**"**
>
> ——肖特

在短暂地做了几场变成航天员访问她通过望远镜所看到的行星的梦之后，作为一名热心的读者，肖特竭尽所能从各个地方汲取着知识。她非常幸运地住在旧金山湾区，那里离坐落在加利福尼亚州的美国国家航空和航天局艾姆斯研究中心不远。在高中，她的指导老师帮她得到了在美国国家航空和航天局夏季高中学徒研究项目的夏季实习岗位。

> 66 艾姆斯研究中心进行着大量生命科学的研究，所以我得以与恒河猴一起进行模拟零重力活动的研究，这是一个极好的夏天，它在我心里烙上了深深的印记，我已经决定了我想要从事的事业。99
>
> ——肖特

在大学里短暂地学习了工程学后，肖特相继在普林斯顿大学得到学士学位，在斯坦福大学得到硕士学位，后来她进入了美国国家航空和航天局的喷气推进实验室工作，这里是设计和控制无人航天飞行器的中心。

> 66 我确实去申请成为一名航天员，我仍然没有放弃这个梦想。我心里仍然怀着小学三年级的梦想。99
>
> ——肖特

航天员的选拔非常严格，几乎是千里挑一。肖特落选了。

> 66 如今，我在喷气推进实验室里干得非常开心。我能够使用无人探测器探索宇宙空间。即使我本人到不了那里，但是我的机器人可以实现我的梦想。99
>
> ——肖特

飞往火星的
成功与失败

尽管有了多次成功，探索火星仍然是充满风险的事业。将近三分之二的火星任务失败了。许多失败发生于着陆节点，更不用提还有没能到达火星或者刚刚抵达就失去联系的探测器。

探测器在火星着陆特别困难。火星大气非常稀薄，单独使用降落伞无法着陆。火星任务通常使用复合方式进行着陆：使用减速火箭或者其他手段降低着陆时的速度。

1973 年，苏联发起了两次带有着陆器的火星任务。火星 6 号的着陆车由于反冲火箭未能点火在火星表面摔成碎片，火星 7 号的减速火箭的故障则使得飞行器与火星擦肩而过，消失得无影无踪。

下页插图显示的是由艺术家描绘的英国着陆器小猎犬 2 号。后来人们在美国火星侦察**轨道器**拍摄的图像中发现了失败的飞行器和其着陆设备的部件。

小猎犬2号

降落伞

后盖

苏联也曾发起过两次登陆火星卫星"火卫一"的计划。这两次计划最后也宣告失败，1988 年的 1 号飞行器在地球与火星之间的轨道上失去了联系，1989 年的 2 号飞行器在刚刚放出两个着陆器后也宣告失败。

1999 年发射的美国火星极地着陆器也遭受了失败的命运，由于过快地关闭了着陆发动机，飞行器坠毁在火星表面上。

通过复杂的技术组合，2000 年初的火星登陆得以成功。火星探索者着陆车同时使用了减速火箭和降落伞来降低下降的速度，在接近地表的时候，探测器释放出气囊，着陆在火星表面上。火星科学实验室的行动更进了一步，他们使用了一台"天空起重机"，一个能在空中悬浮的平台，吊着火星车降落。

21 世纪早期的复杂系统也不都是成功的，2003 年欧洲宇航局发射的火星快车计划携带英国火星车小猎犬 2 号降落在火星上，火星车的着陆非常安全，但是由于太阳能电池板未能打开，导致无法与任务控制者取得联系，任务最终以失败告终。

下页插图是艺术家绘制的由一个悬浮的"天空起重机"吊着的火星科学实验室降落在火星表面的场景。

一个更柔软的方案

2000 年年初的某一天，肖特正在思考火星任务中充满挑战的着陆过程。

> **❝** 这些飞行器又大又重，价格昂贵。它们由喷气推进实验室的机械系统部门管理着，我们有责任安全地把着陆器送到火星地表。我们的任务是设计所有的减速罩（覆盖在飞行器外部保护它们安全穿过大气层）、降落伞以及气囊。**❞**
>
> ——肖特

肖特和她的同事，工程师和天文学家家大卫·范布伦谈起此事，范布伦在另一个不同的项目上工作，一个研究能在宇宙中变形的飞行器的项目组。

> **❝** 在我们的头脑风暴中，我们同时聚焦到一个共同的解决方案：**柔性印刷电路。❞**
>
> ——肖特

两位科学家都听说过印刷在薄薄的软塑料上的电子设备的优势。柔性印刷电路的特点是能够弯曲而不被破坏。对于范布伦来说这种电子设备的柔韧性使它能够成为制造一种变形飞行器的原料。肖特则开始设想一个像婚礼时洒出的礼花那样纷纷扬扬地散布在火星表面上的探测器网络。

正在我沮丧的时候，我突然想到，为什么我们要花这么多精力让这些火星车降落在地表上，难道我们不能直接把这些探测器从太空船中撒出去，让它们自己飘落到行星表面上吗？
——肖特

什么是电路

就像电视机或计算机一样，每个宇宙飞行器都需要用一个电子设备作为它的大脑。这些电子设备由电路组成。一个电路可以被想象成一个运载着电荷的小轨道或者迷宫。

一旦电荷沿着电路运行时，它们就以某种形式运载着**电信号**的信息。电路由通路和开关构成，能够运载或控制电信号。根据设计的不同，电路可以控制、修改、增强或处理电信号。

无人飞船使用电路收集从**传感器**发送过来的数据，也使用电路处理这些数据，或者把它们传送回地球。

其他电路能够控制飞船上任何一个活动部件。

在电子技术中一般使用两种不同的电路。一种常见的电路由印在平整的材料（如塑料板）上的导电金属带组成。另外一种叫作**集成电路**，由蚀刻在半导体材料上的线路和开关组成。半导体通常由硅制造。集成电路大量应用在计算机芯片中。

集成电路制造起来比另一种电路要昂贵一些，但是集成电路更小、更快，处理起电信号更得心应手。大多数电子设备由集成电路和普通电路组合而成。

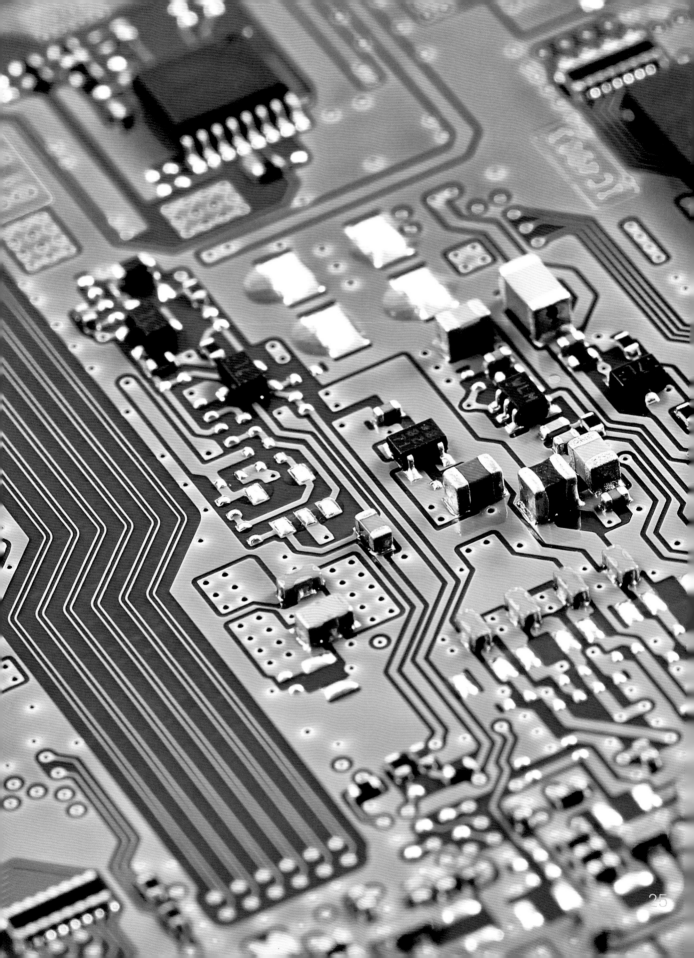

目前，无论是一般电路还是集成电路都有变得越来越坚固的趋势。

> "但是如果你打开一台家用电子设备，比如硬盘刻录机、手机等，你也许能发现有些印刷在柔性原料上的电路。"
>
> ——肖特

柔性印刷电路，**像传统电路**一样，由导电材料制成的电路印刷在一块平整的材料上。但是柔性印刷电路的基板是由柔软的塑料而不是坚硬的塑料板制成的，电路本身也是由柔软的导电"墨水"制成。两者结合的成果就是一块耐弯折且不会破损的电路板。

人类使用简单的柔性电路已经有很多年了。但是先进的材料科技和打印技术极大地扩展了柔性印刷电路的能力。

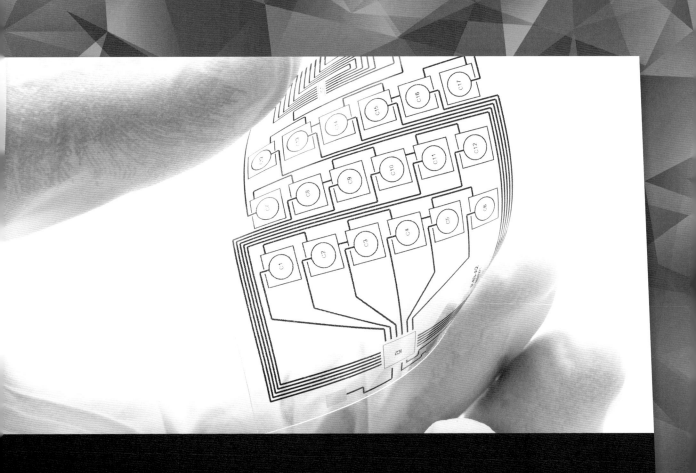

柔性电子设备的用途远超你在家里看到的应用，你只要使用
一种导电的材料条或者特定形状或特定层压技术就能制造出类
似晶体管、电容、电感等电子设备。

——肖特

以简单的光传感器为例。它可以通过以下方式创建，在柔性塑
料上印刷一层感光油墨。落在感光材料上的光线会改变它的感
光度。通过测量导电能力的变化，传感器可以通过感知流过电
路的电荷变化，检测周围光线的变化。

❝简单的电子元件只要通过不同的方式组合起来,就能实现复杂的功能,包括可擦写的计算机存储器甚至电脑处理器。❞

——肖特

柔性印刷电路在处理某些任务时不如集成电路表现良好。举例来说,一台使用柔性印刷技术制造的电脑处理器,无法与集成电路在处理速度方面竞争。处理速度是考量一个计算机性能的重要指标。

❝但是,有些制造商也在将基于硅芯片的传统的集成电路制造得更加薄,所以它们也很柔软。这样的集成电路可以通过黏接一个柔性的材料,将它们连接到一个柔性印刷电路上。❞

——肖特

由此产生的组合被称为**混合柔性电路**。混合柔性电路结合了柔性印刷电路的柔软和价格低廉的特性以及集成电路的计算能力。

回馈地球

来自太空的创意也能服务我们的星球。

美国国家航空和航天局等组织支持"走出世界"的研究原因之一是它可能会带来实际的好处。

> 66 柔性电路在宇宙空间的应用方式实际上是它的一种古怪的用途。在地球上它们其实有更多的潜在用途。 99

——肖特

例如，在医学领域，医生一直在努力发展可以植入人体的传感器和其他电子设备。由于无法跟随人体的轮廓或人体的器官一起弯曲，传统的刚性电子产品往往不适合这种情况。

科学家已经尝试沿着大脑表面植入柔性电子传感器。这种传感器已被用于监测癫痫患者的大脑活动（这种疾病往往突如其来）。将来有一天，柔性印刷植入物可能能够在癫痫发生之前感觉到，甚至制止它发作。

发明者的故事：

工程领域的女性

有许多学习领域，包括科学、技术、工程和数学（统称为 STEM），女性曾一度被排除在外或不愿意进入该领域。当肖特进入研究生院时这种情况发生了很大变化。

 这绝对是一场划时代的巨变，很棒的转型。我以为可能会遇到上一代女性遇到过的一些阻力，但在我班的学生中，无论男性还是女性，毫无疑问，我们都是平等的。

——肖特

尽管如此，当时研究工程学的
女性仍相对较少。

66 当时，在普林斯顿大学有五
个女学生。我们都彼此相熟，
现在我们仍然是朋友。99

——肖特

长大后，肖特非常钦佩先驱航
天员萨莉·莱德，她是第一位
进行太空航行的美国女性。

肖特 1989 年从普林斯顿大学毕业
时候的照片。

66 她是许多年轻女孩的榜样。
我不知道今天女孩子心目中的
榜样是谁。但对于我这一代人
来说，萨莉·莱德是一个激励
者。99

——肖特

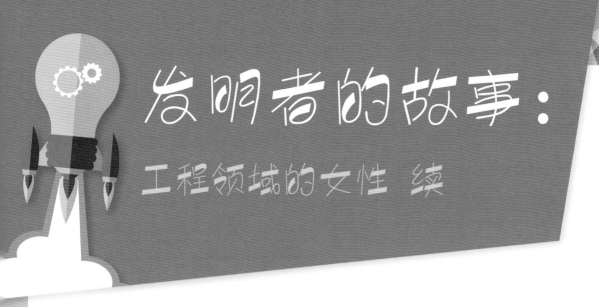

荣誉模范：萨莉·莱德。萨莉·克里斯汀·莱德（1951—2012）是美国航天员，第一位在太空航行的美国女性。1983年6月，她和航天员罗伯特·克里平、约翰·费边、弗雷德里克·豪克和诺曼·撒加德在挑战者号航天飞机上进行了为期六天的飞行。

莱德于1951年5月26日在洛杉矶出生。作为一个年轻的女孩，她对数学和科学产生了浓厚的兴趣。她也很爱运动，喜欢跑步、排球和垒球。莱德在大学里参加网球锦标赛，并得到了全国学院的排名。她的导师，网球巨星比利·让·金，敦促她成为职业网球选手。然而，莱德选择成为一个科学家。她获得了斯坦福大学的英语、物理和天体物理学学位。凭借着物理学博士的学位，她回复了美国国家航空和航天局的一份征求航天员的报纸广告。1978年，该项目从8000多名申请人中选择了莱德。

1983 年 6 月 18 日，莱德乘坐历史性航班起飞。她不仅是第一位进入太空的美国女性，时年 32 岁的她也成为美国最年轻的太空旅行者。1984 年莱德第二次进入太空。她原计划进行第三次飞行，但 1986 年 1 月 28 日挑战者号航天飞机爆炸并造成 7 名航天员全部遇难后，美国国家航空和航天局暂停了航天飞机计划。莱德进入了挑战者号灾难的调查委员会。她后来也担任 2003 年哥伦比亚号航天飞机失事原因的调查委员会成员。1989 年，莱德加入加利福尼亚大学圣迭哥分校，担任物理学教授。

离开聚光灯后，莱德一直保持低调。她很少接受采访，也不愿意将她的名字用于任何引起公众注意的事情。但她是数学和科学教育的热情倡导者。2001 年，她创办了萨莉·莱德科学公司，"让科学和工程再次变得更酷"，尤其针对女孩。她于 2012 年 7 月 23 日去世。

发明者的故事：

工程领域的女性 再续

在工程领域的女孩。在 20 世纪 80 年代初，美国只有约 5% 的工程师是女性。在萨莉·莱德等榜样的帮助下，这一数字已上升至 15% 左右，但仍有很大的提升空间。目前有许多计划和资源用来帮助对工程职业感兴趣的年轻女性。

工程师女孩（http://www.engineergirl.org/）：该网站为有兴趣从事工程职业和工作特点的女性提供建议。

萨莉·莱德科学（https://sallyridescience.com）：莱德创办的公司继续为学生和教师提供科学、技术、工程和数学方面的课程。

美国国家航空和航天局的女性（https://women.nasa.gov/）美国国家航空和航天局的女性员工向公众描述她们在美国国家航空和航天局的工作以及她们加入科学、技术、工程和教学计划的途径。该网站包含激励有志者成为未来的科学家和工程师的视频、文章和科学、技术、工程和教学计划的链接。

制作原型

发明家通常通过建立原型来发展他们的创意。原型是一项发明的工作模型。它可能看起来不像完成品，但它被用来表明这个创意是否可行。肖特知道她的探测器需要电源，一些用来收集数据的传感器，还有一个传输数据的天线。

她的团队发现许多这些组件已经以柔性印刷的形式存在。但是还没有人把它们全部结合起来，制造出完全可打印的航天器。

> **❝** 我们的问题是，你能否整合传统航天器的所有功能，并将其打印成像一张纸却功能完备的航天器？**❞**
>
> ——肖特

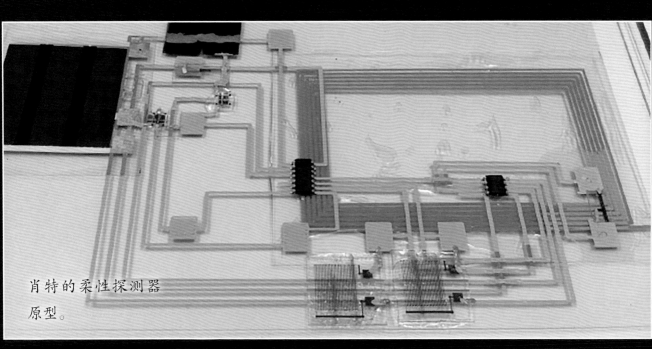

肖特的柔性探测器原型。

肖特的团队花了几年的时间研究和构建他们的原型。最终版本包括两个印刷传感器、一个光传感器和一个温度传感器。印刷电路也用于数据的多路传输，即从每个传感器区分和组织数据。印刷的无线电发射器使原型能够将数据发送到笔记本电脑。

❝ 所以我们最终得到了一个由印刷电路制成的全功能航天器原型。**❞**

——肖特

肖特的团队还对原型进行了环境测试。他们将探测器原型暴露在严酷的条件下，看看它是否能够在太空飞行中幸存下来。

❝ 我们也做了一些任务研究，分析如何使用类似的东西以及它可能给你带来的好处。**❞**

——肖特

回馈地球：

来自太空的创意也能服务我们的星球。

柔性印刷传感器也正在开发用于食品行业。例如，用柔性印刷传感器包裹的生菜。这种包装可以监控暴露于热和光下的生菜并记录其整个包装和运输历史。当食品不再适合销售或食用时，这种"智能"包装就会向销售商和消费者报告。

发明者的故事：

其他兴趣

发明家不会把全部时间花在实验室中。肖特婚后育有两个孩子，一个女孩和一个男孩。

长大后，肖特是一名热情的足球运动员。

> **66** 当我有空闲时，家人就是最重要的。我们喜欢露营、骑自行车和其他户外活动。我也喜欢在我的花园里闲逛，烹饪，和我的孩子们一起制作东西。**99**
>
> ——肖特

和她的英雄萨莉·莱德一样，肖特也是一名大学运动员。

> **66** 从大约五岁开始直到大学时，我一直在踢足球。大四的时候，我和我的室友都是我们大学足球队队长。**99**
>
> ——肖特

肖特和她的丈夫韦斯利、儿子艾丹、女儿阿米莉亚在火山口湖（上图左），石化森林（上图右）和大峡谷（左图）。

发明者的故事：

勇于竞争

> "今天的孩子有很多动手创作的机会，这些机会在我成长时并不存在。今天在学校的乐高®机器人课程让我希望自己再次成为孩子。实际上，我是成年顾问——但我仍然可以玩玩具！"

——肖特

许多学校和其他机构为年轻人提供乐高的机器人竞赛。参赛者队伍必须使用乐高积木和乐高头脑风暴机器人来解决源自现实世界的工程挑战问题。

FIRST 乐高联盟，是世界最大的乐高竞赛之一，起初是乐高集团与非营利性教育组织 FIRST 的合作建立的，FIRST 是"致力于启迪和了解科学技术"的首字母缩写。有关这一竞赛和其他竞赛的更多信息，请访问 www.firstinspires.org。

覆盖火星

肖特的纸质探测器带着少量的基本传感器，与探测火星的特制探测器相比，看起来相当简单。但与那些脆弱的漫游车不同，肖特的轻质柔软的飞行器不需要安装在带有缓冲气囊、减速火箭和天空起重机的平台上。

这种便宜、易于制作的飞行器可以被数以千计地制造，并轻轻地落在火星表面上。

66 它们会躺在火星表面，形成一个环境传感器网络。每个探头都可以感测特定点的温度、气压和风速。通过结合所有探头的数据，您可以建立火星大气的详细计算机模型。99

——肖特

因为可能有许多探测器，所以可以在比一些传统登陆器活动范围更大的区域收集信息。如果一部分探测器失效，还有其他数千台设备在收集信息。

66 想想小猎犬 2 号着陆器。仅仅是太阳能电池板这一个设备失效，竟然导致整个任务失败。99

——肖特

> 想象一下，打印一大堆这种像小纸片一样的航天器，并将它们装在一个空壳中。你可以将它们释放到大气中，让它们像五彩纸屑一样扑向星球表面。
>
> ——肖特

肯德拉·肖特和她的团队

肯德拉·肖特和大卫·范布伦博士，他们一起产生了五彩礼花探测器的想法。

词汇表

探测器　探测宇宙远处物体的机器人航天器。

轨道　物体在空间运动的路径。如两个天体在相互引力作用下运行的路径。

着陆器　一种设计用于降落在外星表面的航天器。

减速火箭　用于减速和引导航天器的反向火箭。

机械工程师　从事机械行业的专业人士。研究物体间的各种作用。

减速罩　飞船外层的覆盖物。当太空船进入太空物体的大气层时，它可以保护太空船。

漫游车　一种在外星表面滚动行驶的探测器。

轨道器　设计用于在太空中绕行星或其他物体运行的太空船。

柔性印刷电路　印刷在薄而柔性材料上的电路。

电路　用于携带电荷的路径或轨道。电路是电子设备的基本单元。

电信号　变化的电流或电压，可以传输信息。

传感器　一种检测热量、光线或其他现象的装置，可产生电信号。

集成电路　蚀刻或刻蚀在一片半导体材料（如硅）上的微型电路；如一个电脑芯片。

传统电路　由导电材料制成安装在平坦的刚性板上的电路。

混合柔性电路　柔性印刷电路元件与薄型柔性集成电路的组合。

更多信息

想更多地了解火星?

Berger, Melvin and Mary Kay Carson. *Discovering Mars: The Amazing Story of the Red Planet.* Scholastic, 2015.

想更多地了解水的重要性?

Stewart, Melissa. *National Geographic Readers: Water*. National Geographic Children's Books, 2014.

想要创建自己的电路来创造新的发明?

Graves, Colleen and Aaron Graves. *The Big Book of Makerspace Projects: Inspiring Makers to Experiment, Create, and Learn*. McGraw-Hill Education TAB, 2016.

像发明家一样思考

想象一下，使用柔性印刷电路制作一件衣服。电子产品可能包括各种传感器、显示屏或您能想到的任何其他设备。你会在你的设计中包含哪些功能?

致谢

下列机构、个人、公司、图书出版单位为本书提供了照片及其他插图，书中出现的每一幅插图所对应的页码均列在提供单位和个人的前面。

封面	WORLD BOOK illustration by Francis Lea (NASA/JPL/Cornell)
4–5	NASA/JPL–Caltech
6–7	© Shutterstock
8–9	WORLD BOOK illustration by Rob Wood; NASA/JPL/USGS
10–11	NASA/JPL–Caltech/Univ. of Arizona; NASA/JPL–Caltech/University of Arizona/Texas A&M University
12–13	NASA/JPL
14–15	NASA
18–19	NASA/JPL/University of Arizona; ESA
21	NASA/JPL–Caltech
22–23	WORLD BOOK illustration by Francis Lea (NASA)
25	© Shutterstock
27	© Shawn Hempel, Shutterstock
31	Kendra Short
33	NASA
35	Texas A&M University (licensed under CC BY 2.0)
36–37	Kendra Short
38–39	Kendra Short
40–41	© Adriana Groisman, FIRST; © Dan Donovan, FIRST
42–43	WORLD BOOK illustration by Francis Lea (NASA/JPL/Cornell)
44	Kendra Short

图书在版编目（CIP）数据

宇宙礼花探测器 /（美）杰夫·德·拉·罗莎著;
武鹏，毛燕萍译 . —上海：上海辞书出版社，2018.8
ISBN 978 - 7 - 5326 - 5155 - 9

Ⅰ. ①宇… Ⅱ. ①杰… ②武… ③毛… Ⅲ. ①航天
探测器 — 普及读物 Ⅳ . ① V476. 4 - 49

中国版本图书馆 CIP 数据核字（2018）第 155540 号

宇宙礼花探测器 yǔ zhòu lǐ huā tàn cè qì

〔美〕杰夫·德·拉·罗莎 著　武　鹏　毛燕萍 译

责任编辑　董　放
封面设计　梁业礼

	上海世纪出版集团
出版发行	上海辞书出版社（www.cishu.com.cn）
地　　址	上海市陕西北路 457 号（200040）
印　　刷	上海雅昌艺术印刷有限公司
开　　本	890 × 1240 毫米　1/16
印　　张	3
字　　数	40 000
版　　次	2018 年 8 月第 1 版　2018 年 8 月第 1 次印刷
书　　号	ISBN 978 - 7 - 5326 - 5155 - 9 / V · 4
定　　价	25. 00 元

本书如有质量问题，请与承印厂联系。T: 021 - 68798999

OUT OF THIS WORLD
走 出 这 个 世 界

认识美国国家航空和航天局发明家**罗伯特·霍伊特**和他的

太空蜘蛛
WEB-SPINNING SPACE SPIDERS

［美］杰夫·德·拉·罗莎 著

朱卫国 译

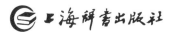

上海辞书出版社

上海市版权局著作权合同登记章：图字09-2018-343

Web–Spinning Space Spiders

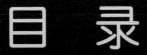

目　录

词汇表　第45页为术语词汇表。词汇表中的术语在正文中第一次出现时为粗体。

引言

航天器的应用大大地增长了我们对周围宇宙的认识。空间探测器（不载人的飞行器）已经访问了遥远的行星、月球和太阳系内的其他天体。太空舱和空间站让航天员能在太空生活和工作。空间望远镜观测着宇宙遥远的角落。

到目前为止，大多数航天器都很小。要进入太空，必须把航天器装在火箭里。航天器上的大天线或其他庞大的部件必须折叠起来并能在进入太空后展开。建造好的航天器还必须能承受发射时的应力。火箭发射时的极端**加速度**和猛烈的振动会损坏设计不合理的或防护不善的部件。所有这些因素都使发射大型航天器变得困难且价格昂贵。

大型航天器能提高我们研究宇宙的能力。然而，要造大型航天器我们不得不重新考虑该怎样设计，还要想想在哪儿建造。将来的航天器或许不得不在太空建造。在太空摆脱了用火箭发射新航天器的限制条件，我们可以想造多大就造多大。

亚特兰蒂斯号航天飞机在佛罗里达州肯尼迪航天中心上空翱翔的情景。如此之大的航天器不仅难以建造而且发射价格昂贵。

物理学家、工程师罗伯特·霍伊特认为他知道该怎么做。霍伊特和他的发明家团队正在努力开发未来机器人，这种机器人能够在太空建造大型结构。他预想的那些巨大而轻型的结构非常坚固，看上去就像地面上的蜘蛛网。而建造这种巨型结构的机器人就像织网的蜘蛛。

就其大小来说，蜘蛛织的网出奇的大、坚固、重量轻。

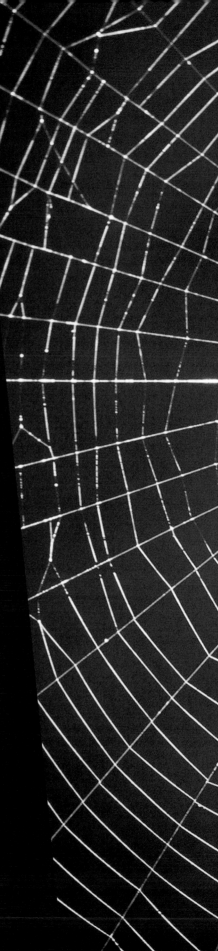

认识罗伯特·霍伊特

"我是系绳无限公司（一个空间技术公司）的共同创始人。我从小就喜欢发明新东西。现在我的公司正在开发一种机器人技术，这种技术可以在绕地球**轨道**上建造航天器。我称之为蜘蛛制造。"

美国国家航空和航天局 **NIAC**
NASA Innovative Advanced Concepts

创新先进概念计划

"走出这个世界" 系列丛书聚焦那些从美国国家航空和航天局成立的一个组织中获得大量拨款的项目。美国国家航空和航天局创新先进概念计划 (NIAC) 为致力于在空间技术中进行大胆创新研发的团队提供资金支持。你可以访问 NIAC 的网站：www.nasa.gov/niac 获取更多资讯。

引力的麻烦

引力是具有质量的物体之间的一种吸引力。吸引力的大小在一定程度上取决于物体的质量。地球是一个巨大的物体，它强大的引力把我们和其他一切物体紧紧地拉在它的表面上。即使杰出的运动员也很难跳到离地面 1.5 米以上的高度。而太空的边缘大约在地球表面 100 千米上空。

今天只有一种能把航天器送入太空的交通工具——火箭。地球引力可以被认为是一种加速度。加速度是引起速度变化的因素。你跳得越高，地球的引力会越来越快地把你拉回来。也就是说，引力会加速你回到地面。为了让你进入太空，火箭必须使你往反方向加速。

科学家用一个叫作 g 的单位来测量加速度。在地球表面，引力以 1g 的加速度向下加速一切物体。现在我们想象一下，火箭能产生 3g 的加速度，也就是，在相反的方向上，产生引力的三倍的拉力。那枚火箭需要燃烧约 9 分钟才能将航天器送入轨道！

斯普特尼克有多大?

下面照片中展示的是 1957 年发射的第一颗人造地球卫星斯普特尼克。它的直径不到 61 厘米——比沙滩球还小。

地球有强大的引力把我们和其他一切物体紧紧地拉在这个行星表面上。即使杰出的运动员也很难跳跃到离地面 1.5 米以上的高度。

进入轨道

当人们谈论将航天器发射到太空时，通常意味着将航天器送入轨道。轨道有什么特别之处？

要理解轨道是如何工作的，可以想象把一个普通的操场绳球拴在一根杆子上。如果你把球从杆上拉开，松手后球就会向后摆动，撞到杆上。现在想象一下，如果你不只是放开球，而是轻轻地把它向侧面推。球仍将向杆方向摆动。但是，球的侧向运动会导致它偏离并绕过杆子。只要有足够的侧向运动，球就会一次又一次地偏离杆子，绕着杆沿着一条圆形的路径摆动。虽然这可能并不明显，但球仍被拉向杆。但对一个普通的观察者来说，它只是在绕着杆子旋转。

现在把绳球想像为航天器，杆子想像为地球。系绳则代表了地球的引力。只要有足够的侧向运动，航天器就沿着一条宽阔的环形轨道围绕着地球运行。地球的引力仍然把它向下拉，但是航天器的侧向运动使它不断地偏离地球，防止它坠落到地面。

一个绳球绕着杆子旋转，就像航天器绕地球运行一样。但是，使航天器沿轨道运行的不是一根绳子，而是地球的引力。

11

克服引力并将航天器送入轨道需要巨大的能量。但是，一旦航天器到达轨道，仅需要相对较少的能量就能保持在轨道中运行。把轨道想象成垫脚石或太空中的停车场。被送入轨道的人造卫星，可以把电话和互联网信号传送到世界各地。轨道上的空间望远镜可以在地球大气层的雾霾之上观测天空。航天员可以在轨道空间站上生活和工作。空间探测器甚至可以在飞往太阳系其他目的地的途中"停"在轨道上。

航天器可以根据任务的需要按不同的轨道绕地球运行。

航天员在围绕地球的轨道上工作。一旦航天器进入轨道，只需要相对较少的能量就能保持在轨道上。

阿波罗号飞船有多大？

20 世纪 60 年代到 70 年代期间，阿波罗号飞船把航天员送上月球并返回地球。整个飞船的尺寸相当于一辆校车那么大，几乎没有足够的空间来容纳三名航天员和他们所需要的设备。但是，它的发射需要有史以来最大的火箭——111 米高的土星 5 号。

阿波罗号飞船

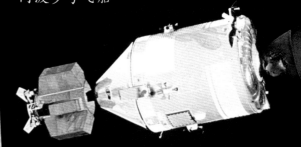

发明者的故事：

导师和合作伙伴

在发明织网太空蜘蛛之前，罗伯特·霍伊特对科技的兴趣是由阅读科幻小说激发的。特别是一位作家在霍伊特的职业生涯中扮演了令人惊讶的角色。

罗伯特·L·富沃德

> 读高中时，有一天，我在学校图书馆挑了一本由作家罗伯特·L·富沃德写的科幻小说。
>
> ——霍伊特

这本书是《蜻蜓的飞行》(1984 年)，后来又以《罗切世界》的书名重新出版。这本书讲述了一个激光动力的光帆飞船访问了一个环绕遥远恒星运行的双行星系统的故事。这个故事是未来主义的，但霍伊特对它物理学方面的现实主义描写印象深刻。那本书的书皮上说作者除了是科幻作家外还是个物理学家。

> 几年后，在研究生院，我真的遇到了富沃德。他正在做一个**太空缆索**项目。
>
> ——霍伊特

太空缆索是一种长长的高强度电缆，在太空中有许多用途。它们可以用来连接航天器进行特殊的机动飞行。它们甚至可以通过与地球的大气和磁场相互作用而产生能量，地球磁场是地球周围受磁性影响的不可见的区域。霍伊特和富沃德共同与美国国家航空和航天局签约，参与了这个项目。

" 几年后，我完成我的物理博士学位。我毕业两周了还没有工作。富沃德和我又赢得了美国国家航空和航天局的一份合同，我们决定一起干一番事业。" ——霍伊特

霍伊特（左一）、富沃德（右一）和他们的团队。

霍伊特和富沃德创建了一个名为系绳无限公司的空间技术公司。多年来，他们的项目从缆索扩展到包括机器人、光学、太阳能电池阵列和无线电。两个人继续合作，直到富沃德在 2002 年去世。

" 富沃德不怕面对真正困难的挑战，而且会想出一些打破常规的解决方案。他有能力和耐心从别人已经放弃了的想法中开发出一个实用的解决方案。" ——霍伊特

空间探索的昂贵代价

要进入轨道，航天器必须克服地球引力，我们知道地球引力是非常强大的。火箭通过燃烧燃料和氧化剂（称为**推进剂**）来加速航天器抵抗这种引力。克服引力需要大量的推进剂，推进剂重量占火箭总重量的 90% 以上。

另外，火箭是极其复杂的运载工具。建造火箭需要仔细的设计和测试以及大量的精密制造工作。火箭发射是一项复杂的工作，需要许多训练有素的人员和特殊设备。而且火箭发射有失败的风险。如果发射失败，可能会摧毁价值数百万美元的设备，甚至危及生命。

所有这些因素导致发射航天器的费用极高。在 21 世纪初，用火箭发射航天器的费用可能从每千克数千美元至数万美元不等。考虑到这一点，难怪至今为止发射的航天器都相对较小，重量较轻。

> 想象一下，你想要建造一个非常大的天线，或者一个大的空间站。因为每千克的发射成本太高，所以你需要使系统的质量最小化。
>
> ——霍伊特

FAST有多大?

500米口径球面射电望远镜 (FAST) 是世界上最大的单反射镜望远镜。它建在中国贵州省的一个天然山谷中，直径500米。相比之下，迄今为止发射过的最大空间望远镜，直径只有几米。

发射像美国的航天飞机这样的航天器需要大量的推进剂而且费用极其昂贵。

造大，造轻

正如你所读过的，航天器的大小受到发射可以负担得起的重量的限制。所以，如果我们想使用更大的航天器，就不得不把它们造得轻巧。但是怎么做才能造出更大的东西而不让它的重量更重呢？

工程师们一直在想办法解决这个问题，而且不仅仅限于太空项目。以桥梁为例，一座桥必须建得足够大，以便跨越河流或其他障碍。它必须坚固得足以承载汽车、卡车和火车的重量。但是桥也必须足够轻，这样才能使用较少的桥墩就可以跨越很远的距离。

桥梁建设者解决这个问题的方法之一就是使用**桁架**。桁架是一种把直杆以规则的形状彼此组装在一起的结构，这种组装方法使桁架成为一个更坚固的整体。

如果你不知道什么是桁架，从梯子开始想象。梯子有两根长而粗的侧杆，中间用一系列水平梯级连接。接着想象，梯级不是水平的，而是按三角形排列的。现在想象，梯子不是两根侧杆，而有四根。四根杆子呈箱形排列，与相邻的杆子以三角形梯级相连。这就是一个相当简单的桁架。

如果设计得当，桁架的坚固程度令人惊讶。组成桁架的直杆相互支撑，沿桁架的长度分配力。如果重物被放置在桁架桥上，直杆的构形将力从一根直杆传到另一根，这样一根根传下去，就把力分散了。

所以桁架很结实。工程师喜欢桁架是因为它们的重量也很轻。只需要少量的直杆就能建成一个相当坚固的桁架。大部分的桁架结构是空的。

在轨道上建造

通过连接一组桁架，地球上的工程师可以轻松地建造简单而轻量的框架，用成百上千个框架组成直径数百米的航天器。但他们如何将如此庞大的航天器装进火箭的**有效载荷舱**（货舱）呢？这就是霍伊特的方案具有真正革命性的地方。他和他的团队并没有提议在地面上建造，然后打包发射。相反，他们打算在轨道上建造航天器，建造工地离它的目的地更近。

在轨道上建造的好处有许多。首先，航天器的大小将不再受火箭有效载荷舱尺寸的限制。其次，在轨道上建造的航天器不必专门设计与加固来解决承受火箭发射时应力的问题。

最后，请记住引力继续拉扯着轨道中的物体，使它们向地面加速坠落。事实上在轨运行的航天器不是真的在飞，而是在坠落。航天器中的人和设备都是自由落体。因为他们都以同样的速度下降，他们互相之间看不出在坠落。这种特殊的条件产生一种失重的感觉称为**微重力**。

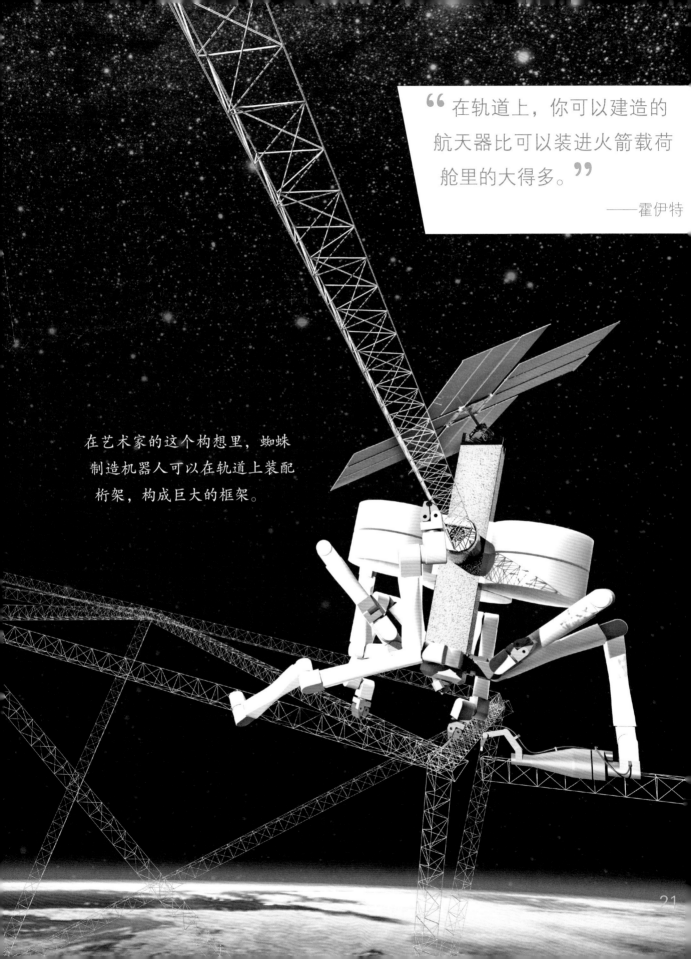

> **"** 在轨道上，你可以建造的航天器比可以装进火箭载荷舱里的大得多。**"**
>
> ——霍伊特

在艺术家的这个构想里，蜘蛛制造机器人可以在轨道上装配桁架，构成巨大的框架。

航天员在轨道上
组装国际空间站。

22

在地球上建造的建筑必须能够承受地球表面的强大引力。但这种地面引力不会影响正在轨道上建造的航天器。在微重力下建造的航天器可以比任何能够承受地面条件的航天器都要更大、更轻、更精致。

❝ 我们的目标是能够制造出那些轻巧得无法在地面上支撑自己的东西。**❞**

——霍伊特

国际空间站　在太空建造听起来像是科幻小说，但霍伊特的框架并不是第一个在轨道上组装的航天器。例如，在 20 世纪 90 年代末和 21 世纪初，十几个国家联合起来建造和营运国际空间站。空间站为少数航天员提供了工作空间和在轨生活空间。由于体积太大，无法一次性发射，它是由多架美国航天飞机和多枚俄罗斯火箭陆续把组件送上轨道在太空组装而成。

早在孩提时代，霍伊特就展示了他在工程上的才能。他父亲喜欢讲的一个故事似乎预示了霍伊特成年后具有使大型结构适应小空间的能力。

> **"** 大概在我六七岁的时候，我爸把我带到他在波士顿的办公室。在那儿，为了自娱自乐，我从复印室拿了一些卡片纸。当时我迷上了蝙蝠侠这个角色，我用卡片纸给他的基地蝙蝠洞制作了一个非常精致的三维模型。我们要乘公共汽车进城，当我爸看到我所做的东西时，他说：'罗布，这真的很酷，但是我们怎么才能把它带回家呢？'我回答说，'哦，没问题，爸爸，它可以折叠起来！' **"**

——霍伊特

年轻的霍伊特设计了模型来折叠。有点像一本立体书。

霍伊特的孩提时代

像蜘蛛一样的建造者

在地球上，桁架结构都是由熟练的工人建造的。但是把人送上太空是复杂而且危险的。人类航天员还需要携带空气、食物、水等笨重的额外设备。这些东西增加了航天器的发射质量，使得载人航天极其昂贵。

为了保持成本合理，霍伊特的桁架结构将不得不由机器人建造。工程师根据机器人需要的能力来设计机器人系统。

> 66 我们意识到，我们的机器人至少需要三个机器肢体才能在一个大桁架结构上爬行，并正确地定位自己。它还需要两到三个机器手臂才能抓住新的部件并将它们连接到结构上。很快，机器人开始看起来像一个蜘蛛。99
>
> ——霍伊特

霍伊特把这项技术命名为蜘蛛制造（SpiderFab）。Fab 是 fabrication 的缩写，是建筑或制造的近义词。

工程模仿自然

霍伊特的技术与蜘蛛和蜘蛛网的相似之处似乎令人惊讶，但当你仔细思考时，就发现这很有道理。例如，蜘蛛网必须足够轻巧，可以悬挂在树枝上，并且可以覆盖一个广阔的区域，而不会下垂或脱落。但它必须足够牢固，能够抓住一只挣扎的昆虫。霍伊特的结构同样必须坚固、轻巧，所以说它们类似于蜘蛛网也就不足为奇了。同样不足为奇的是，机器人和蜘蛛很像，因为它们都面临着相似的建筑挑战

在艺术家的这个构想中，一个蜘蛛制造机
器人在轨道上组装一个轻型的框架（见插
图）。然后把反光材料覆盖在它的表面，从
而建成一个巨大的反射镜。

认识巴克斯特　霍伊特的团队通过改造一个名为巴克斯特的商用机器人，来制造并测试机器人的**原型**。通常，工厂用巴克斯特来执行包装和整理等简单的任务。巴克斯特约1米高，比更大的工业机器人工作更安全，它甚至能"学会"如何通过操纵自己的手臂来完成任务。

> 66 通常，巴克斯特被用于从传送带上取下小部件并将其装入箱子。我们买了一个研究版的巴克斯特机器人，从而能深入研究并调试它的软件。99
>
> ——霍伊特

霍伊特的团队能够配置机器人的视觉系统来识别桁架部件并确定它们的方向。他们还教机器人如何将桁架部件移动到位，并将它们连接在一起。

在实验室工作的巴克斯特机器人。机器人显示屏上的虚拟眼睛帮助显示机器人的注意力集中在哪里。

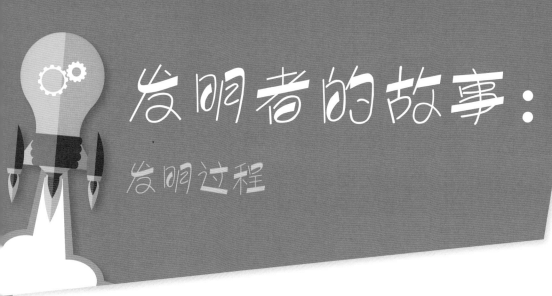

发明者的故事：

发明过程

> **66** 我和我的团队非常喜欢干太空工业方面的挑战性工作。由于我们的个性和经历，我们喜欢采取非常规的方法来解决问题。**99**

——霍伊特

太空探索是人类为之努力的最大挑战之一，巨大的挑战往往需要大胆的解决方案。在霍伊特的工作领域里，大胆想象是值得的。在实验室进行任何尝试之前，大部分的艰苦工作都在发展概念或想法方面。

> **66** 我是个疯狂的人。我提出最初的想法，然后我有足够的知识和技能粗略地想出它该如何工作。**99**

——霍伊特

一旦这个想法成形，合作就可以开始了。霍伊特提出了这项技术如何工作的大致想法，但他需要大家一起完善具体的细节。

> 66 我和一些人一起工作，他们在机械工程或电气工程方面更专业。通过大家的共同努力，我们可以做一些很酷的东西。 99
>
> ——霍伊特

最后，工作转移到实验室，在实验室，霍伊特团队可以对概念进行测试并且研制样机。

> 66 发明家不能太害怕失败。并不是所有的想法都能实现。但发明家在尝试新事物时应该无所畏惧。 99
>
> ——霍伊特

在此过程中的任何一个步骤，都可能发生无法实现的情况。霍伊特的爱好之一是吹制玻璃，他曾经开玩笑说要把吹制玻璃技术应用于太空结构建造。这个方案并没有实现，但是开启了他发展蜘蛛制造的道路。

霍伊特有一些忠告给有兴趣成为发明家的年轻人。

> 66 要始终睁大眼睛去发现需要解决的问题。解放你的思想去寻找潜在的解决方案。不要害怕你想出的解决方案未必奏效。如果坚持下去，你就能想出新的办法来解决问题。 99
>
> ——霍伊特

桁架叠桁架

蜘蛛般的建设者听起来可能已经很惊人了。但霍伊特至少还有最后一招，不用简单的直杆来建造桁架，霍伊特的机器人将用较小的桁架来建造大桁架。

66 我们用桁架做桁架，就像在太空玩巨大的装配式玩具。如果这样做，得到的结构的单位质量效率将是简单桁架的 30 倍。99

——霍伊特

机器人从哪里得到这些更小的桁架呢？它们会用另一项叫作桁架制造器的发明。所谓桁架制造器，顾名思义，是一种小型的桁架制造机械装置。它从卷轴上拉拔出高性能塑料，将其弯曲、熔化，并融合成一个个微型桁架。这种机器会喷出一条连续的桁架流。然后，机器人可以将其切割到所需的长度，组装成一个更大的结构。

在艺术家的这个设想中，蜘蛛制造机器人在轨道上组装一个巨大的太阳能电池板。

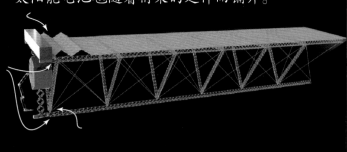

太阳能电池毯随着桁架的延伸而铺开。

蜘蛛制造机器人把小桁架连接成大桁架。

桁架制造器的工作方式

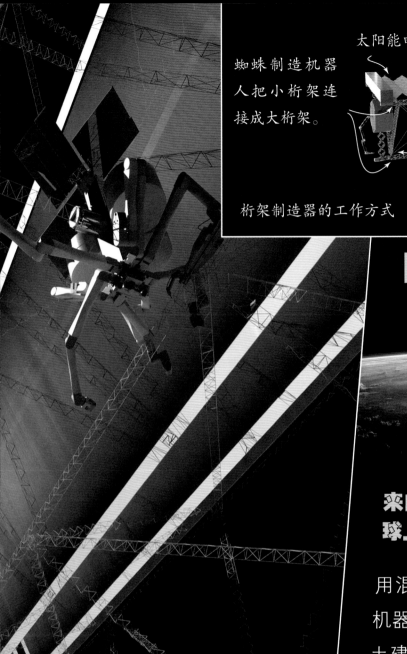

回馈地球：

来自太空的创意也可以服务于地球上的我们

用混凝土建造　在地球上，类似的机器人技术或许可以用来建造混凝土建筑。这种建筑是把混凝土浇注在一种用螺纹钢制作的增强钢筋框架上而建成的。将来可以用像蜘蛛一样的机器人来构建螺纹钢框架。这与蜘蛛制造机器人在太空建造大型结构没什么区别。

大创意：
增材制造

霍伊特的桁架制造器是**增材制造**的一个例子。增材制造是指利用一种机械装置把一件件组件构建成一个三维结构。增材制造通常使用一种叫作**3D 打印机**的设备。

> ❝多年前，我们正在研究在太空中安装大型天线的方法，试验了一些非常规的折叠或包装方法。大约 10 年前，3D 打印技术真正开始腾飞，我对在轨道上打印卫星部件的想法很感兴趣。❞
>
> ——霍伊特

3D 打印机可以将计算机模型转换成实物。计算机通过将模型"切片"成横截面薄片来开始这个加工过程。这些横截面片被以一系列平面图像的形式发送到 3D 打印机。但是，3D 打印机不是把图像打印在多张纸上，而是将每一层打印在前一层上面，构成一个三维形式。

3D 打印机一层层构筑出电影《星球大战》中的
人物尤达的塑料模型。

一个先天手畸形的孩子正尝试使用一只用 3D 打印机定制的假手。

最早的 3D 打印机只能打印塑料，现在 3D 打印机可以用包括陶瓷和金属在内的各种材料，打印出功能齐全的物体。

3D 打印技术在许多行业中得到越来越普遍的应用。例如，建筑师使用 3D 打印机来创建建筑物模型，而不是手工构建模型。工业设计师和工程师经常使用 3D 打印机进行快速成型，快速创建产品模型进行测试。工业上也使用 3D 打印机制作成品，包括假肢和专用的飞机零件。

增材制造在太空中特别有用，在那里，你不可能在需要某些东西时到仓库去取。2014 年，在国际空间站安装了一台实验性的 3D 打印机。目的在于测试这样的打印机能否在微重力条件下正常工作。空间站上的航天员可以用它打印需要的工具和部件。太空任务时间越长，越有可能发生预想不到的需求。所以增材制造可能成为许多长期任务的一部分，包括航天员在火星上登陆的任务。

造个恒星遮光罩

在太空中建造大型结构的能力不仅使工程师能把航天器建造得更大，还使他们能够做以前从未尝试过的事情。

> **"** 这项技术可能用于的一项任务是新世界观察者任务，该任务计划在望远镜和遥远的恒星之间放置一个非常大的**恒星遮光罩**。**"**
>
> ——霍伊特

要理解恒星遮光罩这个概念，想象一下在阳光明媚的日子里去接一个棒球，面对太阳的强光时很难看到棒球。为了接住球，棒球运动员经常用一只手遮住眼前的阳光。由于太阳的光线被遮挡了，所以看到球就容易多了。

棒球和围绕着遥远恒星运行的行星并没
有太大的区别。也许可以建造一个性能
足够强大的望远镜来观察这颗行星。但
是任何来自行星的光都会被来自恒星的
更明亮的光冲淡。

新世界观察者任务提出在望远镜和恒星
之间放置一个巨大的遮光罩来解决这个
问题。这种遮光罩就像棒球运动员的手，
挡住了恒星的眩光，这样望远镜就能观
察行星了。

与各类航天器相比，建造恒星遮光罩看
起来相当简单。主要的挑战是，遮光罩
的尺寸相当巨大,而且必须放置在太空中。
作为霍伊特的蜘蛛制造机器人的第一份工
作，这听上去相当不错。用火箭把一队机
器人发射到轨道上，它们就可以建造遮光
罩的桁架框架，然后用一些遮光材料覆盖
框架。

在太阳系定居

建造巨大的恒星遮光罩可能只是太空蜘蛛的第一项工作。它们建造大物件的能力在许多方面都将对太空旅行产生重大影响。例如，许多航天器从太阳能中获取能量。而由蜘蛛制造机器人制造的更大的太阳能电池阵列可以为更宏伟的任务提供更多的能量。再比如，蜘蛛制造机器人建造的更大的天线可以从这种航天器上发送回更多的数据。但是，霍伊特的想象并没有就此结束。

> 66 我们的长期目标是在太阳系内定居。像这样的机器人可以用来建造基础设施和栖息地，使人们能够在太空中生存并在那里发展商务。99

—— 霍伊特

不难想象，未来几代蜘蛛建造者将在轨道上组装整个航天器。这类航天器会在某一天将航天员运送到火星和其他目的地，在那里他们可以在由更多机器人建造者建造的栖息地定居下来。

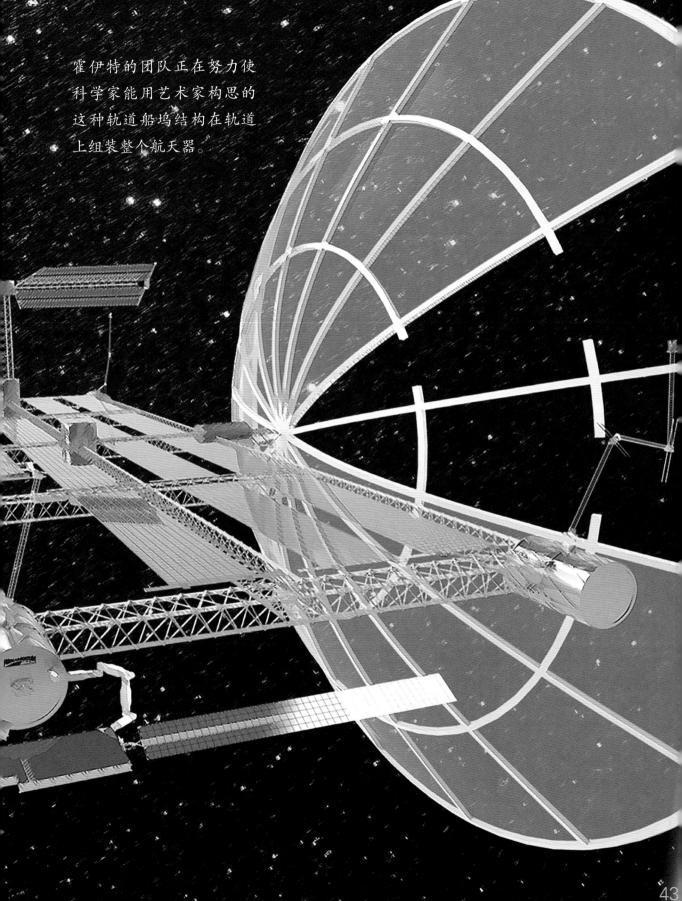

霍伊特的团队正在努力使
科学家能用艺术家构思的
这种轨道船坞结构在轨道
上组装整个航天器。

43

罗伯特·霍伊特和他的团队

罗伯特·霍伊特和他由工程师、科学家和商务工作人员组成的团队在系绳无限公司（一个空间技术研发公司）。

罗伯特·霍伊特（右一）和杰弗里·斯罗斯塔德（左二）在 2015 年美国国家航空和航天局在国会山举办的技术日活动上向国会工作人员介绍系绳无限公司用于在太空制造航天器的蜘蛛制造技术。

词汇表

加速度　描述物体运动速度变化的快慢和方向的物理量。

轨道　在太空中由于天体引力的影响，围绕一个巨大天体旋转的路径。

引力　具有质量的物体之间的吸引力。由于引力的作用，靠近地球的物体向地球表面坠落。

质量　表示物体中含有物质多少的物理量。大自然中的所有物体都是由物质构成的。

太空缆索　用来连接航天器的长而结实的缆绳。

推进剂　用于驱动火箭的燃料和氧化剂。

桁架　由直杆或其他支撑物组成的，通常具有三角形单元的结构。

有效载荷舱　火箭为运载货物而预留的舱位。

微重力　人体在自由落体（如在轨道上运行的航天器）中感受到的失重状态。

原型　一项发明的功能实验模型。

增材制造　使用诸如3D打印机的机器一层层制造某些物体。

3D 打印机　基于计算机模型制造三维物体的设备。

恒星遮光罩　遮挡远处恒星光线的遮光罩。使望远镜可以看到恒星周围的任何行星。

更多信息

想知道更多关于建造航天器的知识吗?

VanVoorst, Jenny Fretland. *Spacecraft*. Space Explorer. Jump!, Inc., 2016.

想自己做引力实验吗?

Solway, Andrew. *10 Experiments Your Teacher Never Told You About: Gravity*. Raintree Fusion: Physical Science. Heinemann–Raintree, 2005.

想了解更多关于桁架和建造桥梁的知识吗?

Johmann, Carol A., Elizabeth Rieth, and Michael P. Kline. *Bridges: Amazing Structures to Design, Build & Test*. Kaleidoscope Kids. Williamson Publishing, 1999.

像发明家一样思考

寻找你周围的桁架。列出你找到桁架的地方。分别解释为什么设计人员会选择使用桁架。

致谢

下列机构、个人、公司、图书出版单位为本书提供了照片及其他插图，书中出现的每一幅插图所对应的页码均列在提供单位和个人的前面。

图书在版编目（CIP）数据

太空蜘蛛 /（美）杰夫·德·拉·罗莎著；朱卫国
译．—上海：上海辞书出版社，2018.8
ISBN 978 - 7 - 5326 - 5154 - 2

I．①太… II．①杰…　②朱…　III．①空间机器人
IV．① TP242.4

中国版本图书馆 CIP 数据核字（2018）第 155691 号

太空蜘蛛 tài kōng zhī zhū

〔美〕杰夫·德·拉·罗莎 著　朱卫国 译

责任编辑　周天宏
封面设计　梁业礼

上海世纪出版集团
出版发行　上海辞书出版社（www.cishu.com.cn）
地　　址　上海市陕西北路 457 号（200040）
印　　刷　上海雅昌艺术印刷有限公司
开　　本　890×1240 毫米　1/16
印　　张　3
字　　数　40 000
版　　次　2018 年 8 月第 1 版　2018 年 8 月第 1 次印刷
书　　号　ISBN 978 - 7 - 5326 - 5154 - 2 / T·187
定　　价　25.00 元

本书如有质量问题，请与承印厂联系。T: 021 - 68798999